地震与减灾科普系列丛书

张有林　杨秀生　主编

地震出版社

图书在版编目（CIP）数据

地震者说 / 张有林，杨秀生主编．-- 北京：地震出版社，2020.6（2024.4 重印）

（地震与减灾科普系列丛书）

ISBN 978-7-5028-4941-2

Ⅰ．①地…　Ⅱ．①张…　②杨…　Ⅲ．①防震减灾—普及读物
Ⅳ．① P315.9-49

中国版本图书馆 CIP 数据核字（2020）第 062240 号

地震版　XM5774 /P（5644）

地震者说

张有林　杨秀生　主编

责任编辑：董　青

责任校对：刘　丽

出版发行：地 震 出 版 社

北京市海淀区民族大学南路 9 号　　邮编：100081

发行部：68423031　68467993　　传真：88421706

门市部：68467991　　传真：68467991

总编室：68462709　68423029　　传真：68455221

http：//seismologicalpress.com

经销：全国各地新华书店

印刷：河北盛世彩捷印刷有限公司

版（印）次：2020 年 6 月第一版　2024 年 4 月第四次印刷

开本：787 × 1092　1/16

字数：244 千字

印张：11.25

书号：ISBN 978-7-5028-4941-2

定价：68.00 元

地震与减灾科普系列丛书编委会

本书编委会

前　言

同自然灾害抗争是人类生存发展的永恒课题。我国是世界上受自然灾害影响最为严重的国家之一，灾害种类多，分布地域广，发生频率高，造成损失重。而地震以其所造成的巨大人员伤亡和经济损失居群灾之首，一直对人民群众的生命财产安全、对经济社会发展安全构成了巨大的威胁。据统计，我国大陆国土面积58%以上、将近55%的人口处于7度以上地震高风险区。20世纪全球因地震死亡的总人数近120万人，我国有近60万人，占1/2。防震减灾、有效减轻地震灾害风险已经成为全社会最关心的话题之一，是国家安全的重要组成部分。

知古鉴今，继往开来。防震减灾既是历史的，也是现实的。讲好历史故事、发扬优良传统、树立时代精神是每位地震工作者的使命与责任。值新中国成立70周年之际，我们编撰出版《地震者说》，既是尊重历史、以史为鉴，也是回忆往昔、感受发展，更是面向未来、砥砺前行。

“说”是古代一种议论文体，既可说明记叙事物，也可发表议论，但都是为了陈述作者对社会上某些问题的观点。如大家熟悉的《捕蛇者说》《爱莲说》《黄生借书说》等名篇佳作，脍炙人口，留下“说”的佳话。本书借“说”的文体样式，古为今用，以历史的纬度思考，以现实的视野观察，形成一种特殊的文集。全书分为五个章节。历史典籍说，以史料书籍为依据，以文学作品为参考，揭开我国地震灾害的神秘面纱。院士专家说，摘录了系统内院士专家笔下的工作经历与科研路上的往事、权威论述和学术观点，引领和激励读者自觉对照对标加深认识。追梦人说，面向全系统公开征文，征集遴选了部分专家学者和基层地震工作者的优秀文章，讲述了他们与防震减灾工作的不解之缘和难忘瞬间。公众媒体说，新闻媒体既是防震减灾事业发展的参与者，也是见证人，本书收录了他们的镜头里、笔尖下的那些生动鲜活的地震故事。减灾文化说，深入探讨了防震减灾文化建设及事业发展前瞻性问题。

在本书的编写过程中，得到了中国地震局有关司室的大力支持和帮助，得到了中国地震学会、安徽省地震学会的指导与鼓励，也得到了关心和关注防震减灾工作的社会各界人士的大力支持和积极投稿，在此一并表示感谢。

特别向中国地震局原副局长赵和平，中国地震学会常务理事高孟潭、吴忠良、李小军、孙文科、任金卫、张晓东致以诚挚的谢意，感谢他们百忙之中为本书审稿阅稿，并予以斧正。鉴于编者知识水平有限，难免会存在问题和不足，欢迎大家批评指正并谅解。

编　者

2019年10月

目　录

历史典籍说

我国的历史地震资料是中华民族科学文化宝库中熠熠生辉的明珠，是我们研究地震科学、弘扬防震减灾文化的宝贵财富。这些珍贵资料多为官史、地方志及当时地方官员的文集、日记、报刊记述等，浩如烟海，本篇从中选取一些经典文献，以便读者从中管窥我们先人对地震的认知和探索，了解我国防震减灾史，了解中华民族在与地震灾害斗争进程中不断凝练和发展的民族精神以及防震减灾文化。

张衡地动仪

公元 132 年东汉时期的张衡创制了世界上第一台观测地震的仪器——候风地动仪。据《后汉书 · 张衡列传》记载："阳嘉元年，复造候风地动仪。以精铜铸成，圆径八尺，合盖隆起，形似酒樽，饰以篆文，山龟鸟兽之形。中有都柱，傍行八道，施关发机。外有八龙，首衔铜丸，下有蟾蜍，张口承之。其牙机巧制，皆隐在樽中，覆盖周密无际。如有地动，樽则振，龙机发，吐丸而蟾蜍衔之。振声激扬，伺者因此觉知。虽一龙发机，而七首不动，寻其方面，乃知震之所在。验之以事，合契若神。自书典所记，未之有也。尝一龙机发，而地不觉动，京师学者咸怪其无征，后数日驿至，果地震陇西，于是皆服其妙。自此以后，乃令史官记地动所从方起。"

康熙论地震

朕临揽六十年，读书阅事务体验至理。大凡地震，皆由积气所致。程子曰，凡地动只是气动，盖积土之气不能纯一，秘郁已久，其势不得不奋。老子所谓地无以宁，恐将发，此地之所以动也。阴迫而动于下，深则震虽微而所及者广，浅则震虽大而所及者近；广者千里而遥，近者百十里而止。适当其始发处，甚至落瓦倒垣，裂地败宇，而方幅之内，递以近远而差。其发始于一处，旁及四隅，凡在东西南北者，皆知其所自也。至于涌泉溢水，此皆地中所有，随此气而出耳。既震之后，积气已发，断无再大震之理，而其气之复归于脉络者，升降之间犹不能大顺，必至于安和通适，而后返其宁静之体。故大震之后，不时有动摇，此地气返元之征也。宋儒谓阳气郁而不申，逆而往来，则地为之震；《玉历通政经》云，阴阳太甚则为地震，此皆明于理者。西北地方，数十年内每有地震，而江浙绝无，缘大江以南至于荆楚滇黔，多大川支水，地亦隆洼起伏，无数百里平衍者，其势欹侧下走，气无停行；而西北之地，弥广磅礴，其气厚劲坌涌，而又无水泽以舒泄之，故易为震也。然边海之地如台湾，月辄数动者又何也？海水力厚而势平，又以积阴之气镇乎土精之上，《国语》所谓阳伏而不能出，阴迫而不能蒸，于是有地震，此台湾之所以常动也。谢肇淛《五杂组【俎】》云，闽广地常动，说者谓滨海水多则地浮。夫地岂能浮于海乎！此非通论。京房言，地震动于水则波，今泛海者遇地动，无风而舟荡摇，舟中人辄能知也。地震之由于积气，其理如此，而人鲜有论及者，故详著之。

（康熙《御制文四集》卷30，P14 ~ 17）

地　震

蒲松龄

（图片来自百度百科）

康熙七年六月十七日（即1668年7月25日郯城8.5级地震）戌刻，地大震。余适客稷下，方与表兄李笃之对烛饮。忽闻有声如雷，自东南来，向西北去。众骇异，不解其故。俄而几案摆簸，酒杯倾覆；屋梁椽柱，错折有声。相顾失色。久之，方知地震，各疾趋出。见楼阁房舍，仆而复起；墙倾屋塌之声，与儿啼女号，喧如鼎沸。人眩晕不能立，坐地上，随地转侧。河水倾泼丈余，鸡鸣犬吠满城中。逾一时许，始稍定。视街上，则男女裸聚，竞相告语，并忘其未衣也。后闻某处井倾仄，不可汲；某家楼台南北易向；栖霞山裂；沂水陷穴，广数亩。此真非常之奇变也。

有邑人妇，夜起溲溺，回则狼衔其子。妇急与狼争。狼一缓颊，妇夺儿出，携抱中。狼蹲不去。妇大号。邻人奔集，狼乃去。妇惊定作喜，指天画地，述狼衔儿状，已夺儿状。良久，忽悟一身未着寸缕，乃奔。此与地震时男妇两忘者，同一情状也。人之惶急无谋，一何可笑！

（源自《聊斋志异》，P55，清代蒲松龄撰）

稷山地震诗碑

寒天赴南郊，匆匆日将酉。
暮色催还辕，苍然到林薮。
归路风益怒，颠扬沙石走。
田家歇鞍马，茅檐一樽酒。
犬吠远村烟，鸦栖古岸柳。
大造鼓洪炉，中霄龙虎吼。
莫再翻地轴，谁为转坤手？

时邻封解梁、平陆等处于九月二十日地震，损伤户口甚众。

人马缩如蝟，蓬转夜将久。
月明经汾河，连墙聚浦口。
远岸一渔灯，潇满人渡后。
归来呼郭门，漏鼓报何有。
欲问夜如何，低昂看星斗。

……冬日后赴各村遍查保甲晚归作。

（源自《中国地震历史资料拾遗》，1815 年 10 月 23 日山西平陆 6¾ 级地震，稷山知县《张应辰诗碑》，P52，刘昌森、火恩杰、王锋编）

中华民国二十四年（1935年）七月十七日，福建安溪吴友明诗

七月十六日夜地震（注：台湾苗栗地震波及）。诗云：

瓦裂墙摇榻几倾，梦中惊飞已三更。

闲庭月色物胧静，细听才知地震声。

（源自《中国地震历史资料拾遗》，P143，刘昌森、火恩杰、王锋编）

地震记

任　塾

康熙十八年己未七月二十八日（1679 年 9 月 2 日河北三河—平谷 8.0 级大地震）巳时，余公事毕，退西斋假寐，若有人从梦中推醒者，视门方扃，室内阒无人，正惝恍间，忽地底如鸣大砲，继以千百石砲，又四远有声，俨数十万军马飒沓而至。余知为地震，蹶然起见窗牖已上下簸荡，如舟在天风波浪中，跣而趋屡仆，仅得至门。门启，门后有木屏，余方在两空间，轰然一声，而屋已摧矣。梁柱众材交横，门屏上堆积如山，一洞未灭顶耳。牙齿腰肱俱伤，疾呼无闻者，声气殆不能继，因极力伸右手出寸许。儿鋆辈遍寻余，望见手指动摇，及率众徙木畚土，食顷，始得出。举目则远近荡然，了无障隔，茫茫浑浑，如草昧开辟之初。从瓦砾上奔入一婢，指云主母在此下，掘救之，气已绝。恸哭间，闻儿鋆弟云：汝辈幸无恙，余三十口何在？答云：在土积中，未知存亡。乃俯而呼，有应者，掘出之。大抵床几之下、门户之侧，皆可赖以免，其他无不破颅折体，或呼不应，则不救矣。正相对莫知所以，忽闻喧噪声，云地且沉，正登山缘木而避，盖地多坼裂，黑水兼沙从地底涌泛。有骑驴道中者，随裂而坠，了无形影，故致人惊骇呼告耳。倾之，又闻呼大火且至，乃倾压，后灶有遗烬，从下延烧而然。急命引水灌之，旋闻劫棺椁，夺米粮，纷纷攘攘，耳无停声。因扶伤出，无循，茫然不得街巷故道。但见土砾成丘，尸骸枕藉，覆垣倚户之下，号哭呻吟，耳不忍闻，目不忍睹，历废城内外，计剩房屋五十间有半，不特柏梁松栋倏似灰飞，即铁塔石桥一同粉碎。登高一呼，唯天似穹庐，盖四野而已，顾时方暑，归谋殡孺人，觅一裁工，无刀尺；一木工，无斧凿，不得已为斩藁埋毕。举家至晚不得食。仿佛厨室所在，疏之，获线面一筐，煮以破瓮底，盛以水筲，各就啖少许。

次日，人报县境较低于旧时。往勘之，西行三十余里，即柳河屯，则地脉中断，落二尺许；渐西北至东务里，则东南落五尺许；又北至潘各庄，则正南界落一尺许。合境似甑之脱坏，人几为鱼鳖，岂为陵谷之变已耶。

八月初一，銮仪卫沙毕汉奉上谕，着户、工二部堂官一员，查明具复，施恩拯救。阁臣会议俱请奉旨，着侍郎萨穆哈去。初六日，萨少农到县，散赈城南穷民五百二十九户。十六日，户部主事沙世到县，散赈乡村穷民九百四十一户，户各白金一两。十八日，又传旨通州、三河等处，遇灾压死之人查明具奏。九月十五日工部主事常德、笔贴式武宁塔到县，散给压死民人、旗人男妇大小共二千四百七十四名口，又无主不知姓名人二百三名口——因孩幼不给，旗民死者另请旨，并无主不知姓名地方官料理外，将压死男妇一千一百六十八名口，人给棺殓银二两五钱，伊亲属具领讫。又先是，八月初九，上谕通州、三河等处地震重灾地方分别豁免钱粮，具奏随奉。巡抚金查明三河、平谷最重，香河、武清、宝坻次之，蓟州、固安，又次之。最重者应将本年地丁钱粮尽行豁免，次者应免十分之三，又次者应免十分之二。具疏题奏，奉旨依议，三河地丁应得全豁。钦哉！皇恩浩荡，如海如天，民始渐得策立，骨月（肉）相依。其不幸至于流离鬻卖者十之一二而已。计震所及，东至奉天之锦州，西至豫之彰德，凡数千里，而三河极惨。自被灾以来九阅月矣，或一月数震，或间日一震，或微有摇抗，或势欲摧崩，迄今尚未镇静。备阅史册，千古未有，不知何以至此。虽然九水七旱，天所见于尧汤之世者，岂关人事哉！

1679 年三河—平谷地震遗迹：北京故宫神武门檐柱位移

1679 年三河—平谷地震遗迹：怀柔道口长城破坏（图片源自《中国地震碑刻文图精选》，P298 ～ 299，蒋克训、齐书勤主编）

（作者任塾，系清康熙年间三河知县，今河北省三河市）

记 异

杨锡恒

地乃天之配，其道宜安贞。胡然此一方，震动无时停。忽若飓风过，殷若雷车鸣。耳目尽骇眩，魂魄为之惊。初疑九轨道，毂击声喧轰。又如万斛舟，掀簸巨浪迎。一椽木如寄，欹仄劳支撑。上栋与下宇，岌岌忧摧崩。不已势将压，性命毫毛轻。闻诸古史册，其变在五行。迂腐守章句，白黑聚讼争。方今圣明世，灾浸何由生。此理不可晓，贤居细推评。每当地震后，厥占应元冥。阴气盘地轴，欲奋难遽腾。小震则小澍，大震斯盆倾。屡试不可爽，历久信有徵。艾河地庳下，溪谷流纵横。积涝成巨浸，势欲排丘陵。二麦既黄萎，稗际类寸莛。惟菽稍有实，又恐秋霜零。谋生艰一饱，取望仓箱盈。典衣入市尘，无处易斗升。来日信大难，寸心忧屏营。皇天本仁爱，视听非懵懵。万方悉在宥，岂独遗边氓。愿夺箕毕好，长放曦娥晴。庶使职载者，亦得安坤宁。

（原载于爱辉县（今黑河市）修志办公室《爱辉县志》,1986年本。注：杨锡恒，江苏华亭人，康熙四十八年进士，任内阁中书，1723年(雍正元年)因其父杨宣擅入乾清门而流放黑龙江城(即今爱辉)，后客死他乡，杨锡恒也随父流放。诗中的艾河为爱辉的满语别称。源自《中国地震历史资料拾遗》，P48，刘昌森、火恩杰、王锋编）

醉茶志怪·地震

李庆辰

光绪戊子五月初四日（1888年6月13日渤海7.5级地震）末刻，忽闻空际如金鼓鸣，旋觉床榻倾侧，已而杯盂倾覆，几案拍簸，屋梁轧轧折声。急出门，则街上老幼男妇四散逃窜，神色张皇，或云墙欲倒，或呼屋欲颓，竭蹶颠簸，刻许始定。有自野外来者，见有烟云从地起，其声随之，河水翻腾喷沸，渡船几复。初八日（6月17日）邑城中西南隅旧有水坑，积潦淤黑，忽于是日午坑中旋流如搅，淤浊尽入地中，倏变为黄水如河，或谓地震所致，有老人曰："果尔，幸甚"。闻山东某县忽井水变为混，如河水。识者曰："此黄河水从地中行耳，不久河当徙"，后果如其言。城中坑水忽变，未知何故，然两三日后依旧黑也。

（源自《中国地震历史资料拾遗》中《醉茶志怪·地震》，P75，刘昌森、火恩杰、王锋编）

1917 年安徽霍山 6¼ 级地震调查报告

1917 年 1 月 24 日 8 时 48 分，安徽霍山发生 $6^{1}/_{4}$ 级地震，震中烈度达八度。当时中华民国农商部地质调查所派调查员刘季辰等于 4 月 7 日抵达霍山，顺道勘查，绘图列表，并附略说。1954 年中国科学院中南区地震调查工作组又对此次地震进行了全面调查。我国开展现代地震学研究起步较晚，1917 年霍山地震科学考察是第一次具有现代地震学意义上的科学研究。尽管此次地震调查大部分停留在客观现象的描述上，给出的烈度分布也是粗线条的，对发震的机理认识也十分有限，政府和社会亦无救灾赈济和恢复重建措施，但是，它开辟了我国地震科学考察史上先河，给出了我们所能研究此次地震的最权威资料，最能体现地震学术和社会学研究的价值。为此，本书收录此篇调查报告及相关史料，以飨读者。

[农商部地质调查所　民国六年一月至三月地震调查报告]本年地震，由本所制成表式，寄交各省财政技术员、各铁路站长、海关税务司及各县知事按照填注。后由本所调查员刘季辰等，顺道附（赴）霍山一带勘查，综举以上所得，绘图列表，并附略说，冀以备参考焉。

调查格式系分为时刻、烈度、方向三项。时刻一项，本规定应将时间标准或用日晷，或用天文台时刻等详细注明，惟各处报告，率未及此，故比较殊难，且所填分秒，半出臆度，未足深信。盖设备未周，又未预为注意，则精确观察，原未易言也。

地震烈度系按罗西及福来氏（Rossi-Forell）之法，计分八级（度）：（一）不觉。（二）惟静卧时能觉之。（三）起立时间亦觉之。（四）多数人皆觉之。（五）睡者惊醒，树木电杆等有见其摇动者。（六）灰壁有裂缝或坠落者，桌几上物有倾覆者。（七）不坚固单墙及烟筒有倾覆者。（八）房屋有倾塌者。地震图……（略）

本年地震，如霍山等处，有历时一月有余，而日无间歇者。然就其大者类别之，约可分为三次，即一月二十四日为第一次，二月二十二日为第二次，三月一日为第三次。

三次地震中，其第一次、第二次之震源，大概皆在皖鄂豫三境之交，同震线之形状亦略相似。第三次地震，惟浙江龙泉、庆元，福建浦城、福鼎、松溪等处觉之，其范围区域与前迥异，又以报告者寥寥，兹勿具论。

前二次中，以一月二十四日为最烈，波及亦最广。据地震图计算，所得如下：

烈　　度	面积（平方基米）
七以上者	27，500
三以上者	585，000

二月二十日地震范围较前次稍隘，据地震图计算所得如下：

烈　　度	面积（平方基米）
五以上者	47，000
三以上者	390，000

此次地震在各处观察，虽得显分二期，然在震源地言之，则自始迄今震动未已。盖震之后，余波荡漾，历时恒久。若在较远之地，则惟震动最烈时，乃得觉察地震现象，往往如此也。麻城县报告谓一月二十（四）日、三月七日及二十二日震动皆甚烈，房屋有倾倒者。霍山境内，据刘季辰调查报告：地震最烈之日为一月二十四日晨八时许，历时约一刻余。震力自下而上，屋瓦揭飞，墙壁倾颓，山石崩坠，声如雷鸣。全境人民以死伤闻者约及数十，最烈之处在西南乡之落儿岭。自是而后，日必数震，惟震动较弱，不易察觉，但时闻山鸣而已。二月二十二日晨十一时许，又觉地盘震撼，隆然作声，后此仍复微震，习以为常。辰等调查抵霍山，时在四月七日，是晚十一时余即闻山鸣声，惟不觉动。次日往落儿岭，残垣颓壁，犹及见之。六万塞（寨）地方亦有坠石数处，惟体积甚小，他无异象。闻离此五十里，往英山道间，

崩石甚巨，有大道屋者云。九日登山测量，晨九时四十分闻鸣声，自近而远。越三时半又闻一次。据樵者言，若是者日必数次。在城市中则仅与（于）夜间闻之。十日南行四十五里至石槽，晚八时许鸣声又作，更南行则不之闻矣。

据上报告，似霍山至英山间实为地震最烈之点，其余乃由此渐以波及者耳。此处地震自昔已然，兹举邑志所载，以存概略：……

综举以上所得，第一及第二次地震震源所在，大抵不出霍山、商城、麻城、罗田之间，其地质皆为太古界之片麻岩及结晶片岩所成，其山脉曰淮阳山脉，亦曰桐柏山脉。信阳、麻城、罗田、英山一带，山势自西北以趋东南，由潜山、桐城以至天长一带，又折而转向东北。此乃秦岭之尾末，伏牛之东支，而江淮之分水岭也。山脉以南地质，概系中古界以后之红砂岩及红土，南北之间，断层适横截之。断层方向，大致与山脉平行，其转折最烈之处，亦即为震源之所生（在）。而断层所向，震波亦随之而远暨焉。则此处地震，必与断层息息相应也，从可知矣。

吾国地壳断层，大抵起于近代，地质学家类已证明之矣。而淮阳山一带，据本所调查员刘季辰等最近考察，谓六安、霍山之间，红砂岩层直覆于片麻岩上，倾角平均约十五度，大者及四十余度，亦有竖起与地平成直交者，其间往往有小断层，裂缝中又时有石英脉纵横贯之。按红砂岩层，为中古界后半期或第三纪所成。在安徽南部及江西所见，皆倾角甚微。今霍山一带，固犹是红砂岩也，乃时代甚新而变动又甚烈，则其变动之期愈当去近世不远。故其余波所及，能使震地现象循环而生，以迄今日，尤为震源发生之所，亦势宜然也。

（民国六年《农商公报》第 35 期，源自《安徽地震史料辑注》，1981，P103 ~ 105）

菏泽 7.0 级地震笔录

赵宪超

岁次丁丑，公元1937年夏历六月二十四日，夜间大雨不止，至二十五日早四时许，余睡初醒。忽听屋瓦响声甚厉，如大车疾行空桥上，声震耳鼓，约有数分钟，灯亦跳跃颠簸，余即赤膊跑至屋檐下，继而全家皆起，其声渐巨，知为地震。余呼家人尽出，冒雨至外院凉棚下，围桌一处，不敢移动。约停二十分钟，雨亦渐歇。环视各屋墙皆震裂，瓦多动脱，墙墉倒塌多处。

出至街前，邻众毕集，惊相询问，有墙屋倒塌而人压毙者，有受伤者，有仅受虚惊者，所言震声相同。斯时房屋十去三四，而新建之房不过屋瓦震脱，尚无大损。自是以后，时有震动，人皆不敢室处，群居棚下。孰知至下午四时，忽又响动，地如波翻浪涌，屋皆摇荡，扑而复起，倒塌者已十有六七矣。人皆在外，幸未伤亡。然自受此振动，人人恐惧。余全家即移至街中对邻空场处，与邻佑据地而坐，几无余隙。是夜坐天露宿，毫无防雨工具。

虽阴云密布，幸未落雨。地仍不时响动，动时人皆唤班斑（即狗也），不知何故。余新筑之屋前后院，东西配房脊瓦零落，壁酥砖裂，东房尤甚，西屋稍好。不维不敢居，亦不可居。余以在街露宿终非久计。翌日，全家移之西坑涯新筑土岗，搭盖席棚一座，聚居于此，是夜（二十六日夜）风雨大作，通夜不息，棚皆渗漏，群相撑伞披而坐。围坐一夜，但觉夜长。而地仍不时震动有声。天明雨稍止，而屋倒塌者已十有八九矣。二十七日天气时阴时晴，地仍震动，其轻重不等。十二时，县长召集士绅筹商急赈事宜，无结果而散。复约四时再议，到约十余人均以灾象不定、人心不安、无法着手办理逐各散去。是夜大雨倾盆而至，不分点瓣，如银河而泄尾闾，并时见火光，几将天崩地裂，而地动之声与倒房之声相呼应，人们莫不慄慄危惧，至夜分始止。而水则满坑满谷，房屋之倒塌几尽矣。至七月初一日，开始放晴。初二日十二时，县长召集绅商会议，商定四条：（一）成立急赈会，仍以秦魁元为会长。（二）请专员赴灾区安慰，并绅耆数人随往。（三）即日由绅耆分班赴四际安慰众心。（四）今各处发贷仓谷，并函就近各县输送席片、以资救济，会议未毕，旋即下雨而散。是夜一钟后，复大雨如注，天明始息。初三日立秋，十二钟复再议商，向南京政府、济南、上海各主管政府、并各慈善团打电呼吁请赈。是夜无雨。唯自初震之日起至初四，计已九日，地仍不时震动，声如殷雷，虽未及前次之甚，然人心不安。房屋之倒塌者，不敢觅匠收拾，物之霉湿者不敢捡出晾晒，损失之巨，诚不可以数计矣。此次人民压毙五千余人，受伤者不计其数，房屋倒塌者数十万间。乡间传闻，此次地震，菏邑实为发源之地。西北为甚，东南次之，东北较轻，城西二十里解元集，全镇势若崩塌，人死者十居八九，屋宇无存。地成泥泞，人不能行。随地陷穴，或为单场，或为井眼，或扬黑沙，或涌黑水，十步一坑、五步一坎。几如水涡蜂房，行路者咸有戒心。受害最重者约有二十余村，人畜死者无算，官无法救济，而民之颠连困苦，诚有不堪言状者。此次之灾，实为前此未有，人生所未曾经者，而余则会逢其适，其浩劫之难也。刻下震动仍未停，孰不知至何程度。推原其故，有谓系电流地中，地雷所鼓荡；有谓系地层空虚，为流沙所射激。余曾经地震四五次，然皆一震即止，均未此次之甚且久也，将此笔以记之。

民国二十六年阴历六月二十五日早四点，余睡梦中，忽觉卧床颤动，如簸箕扬，如船摆荡。地下之声，自西北而东南，轰然如惊车震耳，隆隆然似沉雷惊心。几上器皿倾坠，屋中什物颠覆。余谓内人曰：此地震也。奈身不自主，心中惊怖，欲起不得，及稍停，急起出屋。有小雨，全家人执伞立庭前，而震犹未停止，幸厅堂坚固，未遭倾压之祸。闻邻人惊号声，儿女哭啼声，喊叫救人声，及天明心稍安。验看前后，房屋稍受损失未倒，此第一次大震也。及午五点，余出外探问亲族，回家至本族祠堂街，忽觉地又大动，站立不住。鞠扶街人床边，随地转侧，二目眩晕，斜视祠堂西厅颤摇极速，如人摇小树，枝干来往摆动，惊心丧胆，人皆面色陡黄，倒塌房屋较第一次更多，满街尘土纷飞。稍停，急至家，幸人皆无恙。东厅上盖落地，西厅虽未倒塌，而歪斜危险，人不敢近。其他房屋大受损坏。此第二次大震也。自此，每天一震、二震或一二日、三五日、七八日一震。久之三两月、七八月一震。震动之轻重、相隔之时间，未有一定，都震辄止。至民国三十二年十月初二日早四点，余在酣睡，被地震声惊醒，觉吾床颤摇，墙屋摆动，移时辄止，却未受害。三十三年五月二十四日下午四点，又震一次。至三十七年四月又震。是时余在北京闻之。至此已十一年矣。遭此大劫，间千百年未经之变异也。查菏泽县志，明清以来，所经地震均在百年左右，愈震愈重。道光四年四月地震，城垣屋宇，有倒塌者，人口牲畜有压死者，约四月停止。为灾已非浅鲜。而今时之地震，灾情之重，时期之久，大有倍于往昔，深恐以后百年，地震塌陷，沧桑之变，复成大禹以前之菏泽矣。当两次大震之后，多东北风大雨，禾稼淹死，墙屋倒塌，又受雨水之灾。人怕地震，不敢宿屋内。在街中安床，接连不断。或在宽阔处搭棚缮草庵居住，而夜间雨漏。因有日本飞机常过，不敢燃灯，坐卧不安。惊悉困难之情不堪言状。至十月天寒，不得不宿屋内，而心犹怯然。闻大震时，池水倾泼丈余。轧场之石滚左右旋转。街上男女裸聚，竞相告语，并忘其未衣也。城西郭西堂为中等庄村，房屋倒塌净尽，压死人六十余名。解元集为菏泽四大集镇之一，房屋仅剩数间，人死百余口。城西北等处平地每突起如坟头，顶上有孔，出黑水，出黄沙。塌陷之坑如坟头或数丈大，亦有裂缝者。水井有淤坏者，有歪斜者。郭西堂庄有佣工王姓，赶集路中忽陷水眼内，几乎没顶，忽而涌水，奇闻也。此次受地震之灾，城西特重，至城东愈远愈轻。后闻济南是日亦地动两次。菏泽全境经县府调查，共压死人 3350 余名，受伤者 12001 名，压死牲畜 2719 头，房屋倒塌 320061 间。噫惨矣。

前震记载。此次地震前数月，间有轻微地震，被部分群众所觉察。至大地震前夕星斗满天，不断闻有隆隆之声，而不见闪光，可能是此次地震的预兆也。

余震预报。地震起源，中央天文台答复，此地层断裂，最激烈的两次大震已过，今后即为余震，不会再发生剧烈地震动。

（源自《中国地震历史资料拾遗》，中华民国　赵宪超《1937 年菏泽 7.0 级地震笔录》，P145 ~ 146，刘昌森、火恩杰、王锋编）

院士专家说

院士专家始终是防震减灾科技创新领域的引领者和带头人。他们，皓首穷经，毕生求索。他们，淡泊明志，宁静致远。他们，锲而不舍，持之以恒。他们，为人师表，诲人不倦。他们的精神风范为后来者所景仰，他们的成果为防震减灾科技创新的重要里程碑，他们把自己的家国情怀和精神追求写在论文里，也写在祖国的大地上，他们更多的是注理性思维和科学的思辨，很少用人文情怀表述自己的工作。编者辑录了部分专家院士们的睿智轶事，展现他们笔下的防震减灾事业和防震减灾工作，以期予读者以新的启迪和思考。

地震科学家的责任

陈运泰

2018年元旦刚过、春节即将来临之际，地震出版社张宏社长就落实中国地震局相邀我写一本有关地震的通俗读物一事到访办公室，交流对地震科学技术知识普及工作的重要性的认识，见解十分一致，相谈甚为融洽。我虽日常有许多事务如科研、教学任务需要完成，但鉴于地震科学技术知识普及对于弘扬科学精神、传播科学思想的重要性，遂慨然允诺，并立即着手撰写。

无论是从探索大自然奥秘的角度，还是出自于预防与减轻地震灾害、地下资源勘探、国防建设以及国家安全的强烈社会需求，地震始终是广大公众关心的热点话题。地震科学家，与广大地球科学家一样，他们仰视星空，浮想联翩，上穷碧落，希望这或许能增进人类对于其赖以生存的行星——地球的认识；他们俯察大地，下至黄泉，入海登极，力图对发展起来人类文明的地球上包括地震在内的种种现象做出科学解释。地震科学与技术领域虽无多少吸引人们眼球的新闻可供猎奇，但仍有不少脚踏实地的进展可以奉告。这本小书（指《地震浅说》）的目的就在于试图用通俗浅显的语言向读者介绍一些相关的资讯或知识，包括地震及其相关现象、地震成因与机制、地球内部结构、地震预测预报……直至防震减灾、减轻地震灾害风险，等等议题，内容广泛。虽然如此，限于篇幅、时间与知识面，仍有许多重要议题，诸如地震层析成像、地震破裂过程反演、地震预警、慢地震、地震噪声……未能涉及，希望读者予以理解。

（源自地球物理学家、地震学家、中国科学院院士、发展中国家科学院院士、中国科学院大学教授，中国地震局地球物理研究所名誉所长、研究员陈运泰著《地震浅说》序，题目为编者所加，收录本书时，有删节）

天灾总是在人们将其淡忘时来临

陈运泰

从更广泛的意义上说，要预防与减轻地震灾害或地震—海啸灾害，还是要从以下几个方面着手：一是要依靠科学技术；二是要学会“与灾害（风险）相处”。要认识到人类生活在不断运动变化而且是很活跃的生机勃勃的地球上。地球是人类共同的家园，它不但提供人类赖以生存的资源、能源和环境，也会不时地兴风作浪、给人类带来灾害。面对自然灾害，我们要努力地去研究它，认识它，寻找避免与减轻灾害的办法。也就是说，我们要学会“与灾害（风险）相处”，要确立以人为本，以科学发展观为指导。正如前联合国秘书长柯菲 · 安南（kofi Annan）所说的：“预防不但比救助更为经济，而且更为人道。”我国地震灾害是非常严重的，地震灾害对国家的经济建设与社会发展有很大的影响，减轻地震灾害的工作形势严峻，任重道远。

先进科学技术的应用固然很重要，但是单靠科学技术的应用是不能达到最大限度减轻自然灾害这个目标的。要达到这个目标，还需要全社会对于自然灾害有清醒认识，要增强全社会防震减灾的意识。

日本有一位著名的物理学家、地球物理学家、地震学家、气象学家、海洋学家，名字叫做寺田寅彦（Torahiko Terada）。寺田寅彦学贯日西，文理兼通，同时也是一位著名的诗人、散文作家。他的散文多以吉村冬彦、薮柑子等笔名发表，文章晶莹剔透，融科学性与艺术系于一体，有“洞穿事物本质的超越直感力”的美誉。寺田寅彦还擅长绘画，画作以油画与水彩为主，风格独树一帜，作品有《自画像》等。由于他才多艺，故有“诗情画意的科学家”之称。在物理学上，寺田寅彦师从日本著名物理学家田丸卓郎教授；在英语与诗歌（俳句）写作上，师从日本著名文学家、诺贝尔文学奖获得者夏目漱石。寺田寅彦是夏目漱石的高足，夏目漱石的名著《三四郎》的主人公即是以他为原型创作的。在物理学与地震学方面，寺田寅彦曾提出用“水的毛管电位理论”来解释地光的成因，多次成功地预告过地震和海啸。寺田寅彦也是1923年关东大地震后于1925年创建的东京大学地震研究所的创建人之一，迄今在东大地震研究所大楼入口处赫然在目的便是镌刻在墙上的、1935 年他为东京大学地震研究所创建 10 周年所撰写的纪念铭文。他有一首据说在日本家喻户晓、现在在国际上也广为流传的俳句：天灾总是在人们将其淡忘时来临。

这首饱含哲理、富有诗意的俳句虽然并非是对某次地震或某次其他天灾事件的具体预告，但谆谆告诫人们要警钟长鸣，增强、提高全社会的防灾减灾意识，意味深远。

（源自陈运泰著《地震浅说》P191 ～ 192）

唐山地震时北京感受到的两种地震波

陈　颙

唐山地震发生在1976年7月28日凌晨3点多钟。当时我住在北京前门附近一个非常破旧的二层木质结构的楼房里，楼房至少有50年的历史了，除了外墙是砖砌的，地板和骨架都是木质的，一走起路来地板就会发出“咯吱咯吱”的“呻吟”声。那时正好是夏天，天气出奇得闷热，让人难以入睡。我刚躺下一会儿，迷迷糊糊中就觉得床有些大幅度地上下跳动，地板甚至整个楼房都发出“咯吱”的声音。我立刻意识到“有大地震发生了”。长年从事地震工作的我被晃醒后没有立即下床，而是躺在床上开始数数“一，二，三……”数着数着床的晃动变小了。当数到“二十”的时候，突然又来了一次晃动，比第一次更厉害，整个楼层都像在忍受剧痛似地“哗哗啦”乱响。这短短20秒间隔就是纵波和横波的时间差（地震通常会产生纵波和横波，纵波在地球介质中传播得快，最先到达我们脚下，引起地表的上下运动；横波跑得慢，我们感到的第二次强烈震动就是横波造成的，地面表现出水平方向运动。由于横波携带了地震产生的大部分能量，因此它对地表建筑物的破坏更为严重），反映了观测者和震源的距离，差1秒，表明约8千米远处发生了地震，20秒则说明这次地震事件发生在约160千米处。于是，我有了一个初步判断：地震不在北京——在距离北京160千米的地方有大地震发生了。

这和雷雨、闪电的原理是一样的：天空两片雷雨云相遇时，发出闪电和雷声，闪电（电磁波）跑得快，雷声（空气中的声波）跑得慢，我们先看见闪电，后听见雷声，闪电和雷声之间的时间差，表示发出闪电和雷声的云距我们的距离。

（摘自陈颙、史培军编著《自然灾害》P55）

至诚至坚　善学笃行

——记中国科学院院士、构造物理与地质学家马瑾

卓燕群

2019 年 2 月，国家重点研发计划亚失稳项目启动。而作为这个项目的发起者中国科学院院士、构造物理与地质学家马瑾，却于 2018 年 8 月 12 日，永远地离开了我们，留下了她“至诚至坚　善学笃行”的光辉一生。

生前，她曾说过“只要对国家，对老百姓有用处的就去做。地震科学研究是我们的责任，我们做的每一点工作，取得的每一个进步，获得的每一个发现，都是对地震科学的贡献……”

家 国 情 怀

马瑾院士出生于 20 世纪 30 年代江苏如皋一个重视教育的大家庭。新中国成立之初，毛主席号召“开发矿业”，在全国范围内掀起全民投身地质工作的热潮。

青年时期的马瑾院士，在时代的感召下，坚定地报考“北京地质学院”，从此与地学结下不解之缘。

毕业后，她进入中国科学院地质研究所工作，由于表现突出，被国家选中，派往苏联攻读研究生。求学期间，马瑾院士成绩优异、心系祖国，在莫斯科“庆祝中华人民共和国成立十周年”活动上，代表中国留学生发言。

回国后，正赶上热火朝天的石油会战，马瑾院士再次把个人业务专长同国家需求紧密结合起来，积极投身于油气构造研究，提出了“岩性组合决定构造变形组合特征”的新认识，并在油气开采中发挥了重要指导作用。

1966 年，邢台地震发生了。回忆起当年，马瑾院士常常说：“那时候，周总理要求我们要多兵种联合作战研究地震。就是觉得你懂点儿‘地’，你就应该来想这个问题。”

在党的号召下，马瑾院士将工作重点转到地震领域，六十余载孜孜以求，始终活跃在防震减灾科研一线，先后开展地震构造与应力场的实验研究、地震构造物理学研究、地震机理和预测研究，直至生命最后一刻。

我们回望马瑾院士每一次人生道路的选择，都能清晰地看到，背后是国家的需求、人民的需要、党的号召。在跌宕起伏的历史大潮中，她始终勇立潮头、矢志科研、许身报国，用一生践行了一名党员和科学家的初心与使命。

自主创新

从苏联回国后，马瑾院士希望能用所学的前沿知识报效祖国，推动相关专业发展。但是，当时我国的科技水平和工业生产能力，与苏联存在较大差距。

面对一穷二白的艰苦条件，马瑾院士认为要先做起来，解决从无到有的问题。她说：“我们先想办法在实验室做实验、找规律，来帮助我们理解野外的事。”经过不断的努力，她和所在团队自力更生、克服困难，先后筹建起相似材料和光弹实验室、岩石力学实验室、构造变形物理场实验室，由于实验结果直观，成为来访的国内外学者必到之处。

先从无到有，再从有到强。20 世纪 80 年代，实验室被批准为“国家地震局构造物理开放实验室”，20 世纪初，马瑾院士牵头组建了中国地震研究领域第一个国家级重点实验室——“地震动力学国家重点实验室”。

马瑾院士说：“自力更生，自主创新，自主研发和自由探索，是我们实验室立室之本。”经过几十年的努力，构造物理实验室的观测手段越来越丰富，很多仪器和软件都是独立自主研发。她常叮嘱：“真正适合科研用的仪器不是用钱就能买得到的。”2016 年，荷兰乌德勒支大学科研团队来访，对实验室研发的设备赞不绝口，说是“领域内国际先进水平”，并表示“要把实验放到中国来做”。日本、英国等多个国家学者也慕名来实验室交流学习。实验室已在国际构造物理学研究领域中建立起中国品牌形象。

马瑾院士左手抓实验室建设，右手抓学科建设。早期，中国构造物理学没有自己的专业学术机构，在她的推动下，“中国岩石力学和工程学会高温高压岩石力学专业委员会”和“中国地震学会构造物理专业委员会”相继成立。在这些新的平台上，她力邀国际著名学者们来华，为学科打开同世界对话的窗口，开办了多次国内国际学术会议，有力推动了学科的发展。

马瑾院士一生在国内开创了很多个第一，比如，开设第一门《构造物理学课程》、撰写了第一本《构造物理学》教材、第一批大地构造物理学博士生导师。她无愧是我国构造物理学科的开拓者、领军者和奠基人。

静心笃志

马瑾院士常勉励我们说：“科学研究比较枯燥，一切趣味都在学习、思考和探索中。表面平静如水，内心却是轰轰烈烈的。”

她是这么说，也是这么做的。她性格独立坚韧、静心笃志，与地学研究浑然天成。大学四年的学习生涯为她从事地质科学研究打下了坚实的基础。苏联求学期间，马瑾院士经常一个人，一匹马，独自沿着断层开展科学考察，留下了许多飒爽英姿。工作中，马瑾院士高度重视野外调查的一手资料，足迹遍布祖国的每一条地质构造，82 岁还到滇西北亲自布设台网。她常说：“我们这些搞研究的，什么也没丢，却找了一辈子。”

板凳要坐十年冷，文章不写一句空。2011 年，在大量研究基础上，她首次提出了亚失稳模型，认为“预测地震，关键在于抓住地震前的亚失稳阶段”。随后，她带领团队独立思辨、认真求证，将该观点丰富完善。她对我们说：“科学研究好比画狗与画虎。研究成熟度高的方向好比是画狗，狗大家都很熟悉，因此需要你在前人基础上做更深入的工作；亚失稳研究好比是画虎，见到虎的人比较少，可参考的资料也少，但是你画出来的就有新意。”

在实验室研究取得一定成果之后，她探索将亚失稳从实验室推向野外，推动以亚失稳为基础的地震预测研究。然而就在此时，她却永远地离开了我们。地震科学是她一生战斗的最后阵地，亚失稳研究是她科研许党报国的最后见证。

为人师表

马瑾院士一生桃李满天下，她培养的学生大都成长为国内外相关研究领域的骨干力量。

她积极倡导学术争鸣，百花齐放。经常愉快地回忆起当年国内地学界“九大学派”的盛况，常说“构造物理实验室里，要有搞地质的、搞地球物理的、搞机械的、搞电子的。科研就应该百家争鸣，百花齐放。科学攻关要多学科联合作战。”

马瑾院士朴素谦和、体贴入微。有一年，她去广西大学做学术报告。校方为她安排了单间，她觉得浪费，决定和随行女同事合住。第二天清晨，这名同事发现马瑾院士不在床上，却听到卫生间里传来了敲键盘声。原来，是马瑾院士当天报告的 PPT 需要修改，她怕影响到室友睡觉，就搬着笔记本电脑到卫生间去工作。

“名为公器不多取，利为身灾不多求”，这是马瑾院士办公桌上的随笔抄录，也是其一生人格写照。她在地质所家属院里有一套住房，多年来一直免费提供给学生们作为周转住房。有学生不好意思，要交些租金，她却拒绝说“你帮我照看房子，是我要谢谢你呢”。

学风正派、诲人不倦、甘当人梯、对科学研究永远兴致勃勃，是她在学生心目中的精神画像。在她的影响下，我们的团队在工作上各尽所能、学术上鼓励争鸣、生活上相互关心，充满着朝气与活力。她曾语重心长地对我们说：“我们实验室能走到今天，靠的是所有工作人员和学生的努力和责任心，团队协作的氛围是推动我们前进的基石。”

高山仰止，景行行止。虽不能至，心向往之。

六十四年党龄，六十二年潜心研究，马瑾院士的一生是坚守初心、科学报国的一生，是追求卓越、不断创新的一生。她在岗位上，始终牢记知识分子的社会责任，在地震预测预报等关系国计民生的重大问题上，引领科技攻关，为国家和人民奉献自己的智慧和力量；在生活中，善养浩然正气，崇德向善、见贤思齐。她用自己对党和国家的深厚感情，对地球科学和地震事业的热爱和执着书写了精彩人生，是值得我们永远学习和景仰的榜样。

（来源：地震系统“不忘初心　牢记使命”主题教育先进事迹报告会之中国地震局地质研究所卓燕群的报告材料，收录本书时，编者略作改动）

回顾与感悟

宋臣田

为庆祝中国地震学会成立40周年，响应学会“地震者说”主题征文活动，我作为从事地震事业50余年的地震工作者和老会员，把一些难忘的事、经历的事做些回顾，也谈几点感悟与希冀，与广大年轻朋友分享。

一、与知名地震科学家往事

（一）与顾功叙先生交往二三事

顾老是位德高望重的地球物理学家，为我国地球物理勘探事业的发展和石油等矿产资源的发展及开发作出了重要贡献。曾任中国地震局地球物理研究所研究员、副所长、名誉所长，中国地球物理学会第二、三届理事长和中国地震学会第一届理事长。1955年被聘为中国科学院院士。我在中国地震局地球物理研究所25年的工作历程中曾多次聆听顾老指导和教诲。他一生追求真理、治学严谨的学者风范给我留下深刻印象，其中有两件往事让我记忆尤为深刻。

顾功叙

一是实事求是推进地震观测技术改革。1978年初，中国科学院地球物理所一分为二，新成立了国家地震局地球物理研究所第四研究室（含北京台网），秦馨菱先生任主任，我十分荣幸地担任党支部副书记、书记。当年6月白家疃地震台和北京地震队对1975—1978年4月“速报目录”进行了校核，发现台网速报目录比联合目录地震少，且震级存在偏差等。所党委对此高度重视，所党委书记张进亲自督导，四室专门成立了调查组，重点从技术方面和制度方面查找分析原因。时任所党委委员、副所长的顾老认真研究了四室的调查报告，指示要全面实事求是地从科学、技术诸方面加以总结，对存在的问题和不足不能护短，不能掩盖问题。并亲自指导方案设计，推进台网进行改革。从管理上，严格校核制度，实施两人值班时，一人值班，另一人校核；从技术上，统一短周期拾震器，增加部分台站三分向传输记录，增加中长周期地震仪，组成百倍、千倍、万倍及几十万倍级观测系统，淘汰熏烟记录，改为墨水记录；从方法上，研究和改进地震分析方法等。由于各项措施贴近实际，改革取得实实在在的效果。

二是鞠躬尽瘁推进地震科学探索。大约在1984年夏秋时节，顾老向国务院建议把北京台网的扩大与建设列入国家第71项国家重点工程，并得到了国务院领导的高度重视，时任国家科委主任宋健立即指示高技术司司长和地震局相关业务司室负责人一起与顾老商谈北京台网扩建事宜。当时，我受陈颙所长委托也参加了座谈。根据顾老的设想，虽自1975年海城地震后，北京台网从8个台扩大到21个台，1982年又扩大到50余个，仍要进一步扩大地震监测范围并增加台站密度，捕捉到更大范围，获得更多震级下限地震，更好地了解地震的活动图像和规律，继而探索地震预报的途径。但主要是认知不一，协调难度大，该项建议未能纳入国家投资计划，顾老对此深感遗憾，但他推进地震科研工作热情不减、斗志不退，依然矢志不移、孜孜以求。他勇于探索、知行合一的学者精神，至今仍深深地激励着我，老骥当伏枥，桑榆莫叹晚。

（二）与李善邦先生一段情缘

李老是中国近代地震学的开拓者，也是我国物探工作的开拓者之一。他是中国地球物理学会和中国地震学会的发起人之一，任两个学会常务理事，创建了我国第一个地震台，是我国研制现代地震仪的第一人。他主编的《中国地震目录》成为我国地震研究和烈度判定的权威资料，深得国内外同行的高度评价。之前，我只知道李老在研制仪器等方面有高深的学术造诣，其他方面知之甚少。直至2008年，我在编写《地震监测仪器大全》时，专门查阅仪器的原始档案资料，才发现李老在理论计算、方程推导等方面同样成就非凡。大家知道，地震仪的原理是利用惯性原理，有一个悬点，挂上吊簧，下面加一个重锤就构成了摆，而要研制成地震仪，则要根据运动学的原理，推导摆的运动方程，设计摆的结构，计算摆的动系统和周期与摆长的关系、吊簧的弹力强度和长度，摆的阻尼系数等等，这一切都需要大量数据计算和推导，在没有现代计算机作为辅助工具的情况下，其复杂程度和工作量可想而知，每每谈及，都令我肃然起敬。

在个人交往上，我与李老有一段情缘鲜为人知。一是在我们创刊《地震地磁观测与研究》时，李老欣然题写了刊名，从一个侧面反映出他激励后学，积极推动事业发展的责任担当。二是大约在某年一个秋去冬来之际，他半夜突发心脏病，获悉后，我和爱人急忙赶过去救治，幸好我爱人是医生，在当时没有任何医疗器械的情况下，判定他为重感冒引起的急性心脏病，需要静卧，马上去医院则很危险。于是，我们从原党委书记卫一清家借来氧气袋，他吸氧后休息。李老得到有效救治，转危为安。对于我们来说，是应尽之义务，但他一直心存感激。永存感恩之心是李老光辉典范的一个重要侧面，令我景行行止。

（三）令人难忘的秦馨菱先生

秦先生同样也是一位德高望重的科学家，他 1937 年清华大学物理系毕业，学识渊博。在第二届中国地震学会会议上，秦先生作为中国地震界的前辈十二人之一，被授予荣誉理事。为回忆与秦先生共同工作和生活的点点滴滴，我在 1995 年撰写《楷模导师——忆与秦先生在一起工作的年月》，并在 2003 年被收录《信念》一书之中，在 2018 年又撰写了《追忆秦馨菱先生》，再次被《信念续集》一书录用。我和秦先生同在一个研究室（北京台网）工作 15 年，留下许多难忘的记忆，当时他任室主任，我任党支部书记。令我难忘的是北京台网第二次扩建时，要选取无线中转站，曾在北京远郊房山 480 高地做无线传输试验，那里地势高且无现成的道路可走，当时他已是年近古稀的老人，仍坚持扛天线上山，足以看出他对科研工作的执着，对获得一手地震监测数据的高度重视，体现了他身先士卒、率先垂范的科学家精神。另外，他还有一个多年坚持的习惯，自带粉笔、板擦，自己用蜡纸刻版英语教材，给大家上英语课，教英语歌。秦先生向大家讲授的专业知识内容广泛，许许多多跟随他的人从中受益，后来成长为地震学或其他专业的专家学者。

1995 年庆贺秦馨菱院士八十华诞时的合影
（左 2 秦馨菱院士，左 1 谢毓寿先生，右 2 陈运泰院士，右 1 宋臣田研究员）

（四）令人钦敬的许绍燮先生

许先生是位健在的长者，他是中国地震学会第一届理事会副理事长。我们曾在第一研究室工作。他在核爆破侦察工作中作出了突出贡献，曾立军功二等功。在地震预报方面，孜孜不倦，独有建树。记得在唐山地震前，他时常与我谈起地震异常、预测研究的思路和想法，并在2011年出版《地震应可预测》专著。在地震观测方面肯于钻研，善于革新创造。他曾在51式仪上加装了电磁阻尼器，提高了仪器性能，研制成功了513中强地震仪；又在地震仪系统加上了电子管放大器，放大倍率大大提高，可观测到微弱的地震动。他所主持研制的天文钟是早期重要的时间服务系统。2008年，我专门找许先生了解天文钟系统结构。他说，天文钟是利用铁、木、铜不同的膨胀系数作为温度补偿，保持钟摆杆长度不变，从而提高时间服务精度。1966年邢台地震后，在周总理的亲切关怀下，他代表地球所向国务院汇报，积极争取国家支持，创建了北京电信传输台网（8条线）。他在学术领域始终创新，20世纪90年代世界地震观测进入数字时代，他虽年事已高，但非常关心我国数字地震观测技术的发展与应用，曾担任中国地震局数据信息中心和唐山市地震局合作建立的数字遥测地震台网项目验收专家组组长，大力推动我国地震数字观测技术进步。许先生与时俱进的科研探索精神始终令人钦佩。

（五）诲人不倦的张奕麟先生

张先生是地震观测技术领域的总工程师，是该领域公认的领军人物，大家都亲切地喊他“张总”。他在核爆侦察、仪器研制、北京台网的创建、768工程的总体设计和实施诸方面贡献卓著。我曾在《信念续集》一书中续写了《往事回顾——庆贺张奕麟先生八十华诞》一文，热情追忆了他一生在工作上严谨求实、在学术上一丝不苟、在待人接物上平易近人的一些往事。张总长期担任中国地震学会地震观测技术委员会主任一职。我参加过他主持的几次研讨会，印象深刻，受益匪浅。一次是1980年在上海举办的“地震学和地震观测技术学术讨论会”，我有幸与他同在一个小组，会议期间，张总当众在黑板上推导了地震计的传递函数，他形象地把地震计比喻成一个黑盒子，输出与输入的关系就是传递函数，它包括频率域、时间域，公式方程非常复杂，他一气呵成，在场的人无不赞叹。另一次是1981年在四川成都召开的“地震信号传输技术专题研讨会”，他在会上讲了数字调频技术、数字调相技术、调频与调相的关系及调制制式、数字滤波技术等等，那是在研制数字化仪器的前夕所作的数字理论铺垫，邮电部数字数据传输技术研究所的总工都很佩服，给我们上了一堂精彩的数字技术课。另外还有，他在1983年四川峨眉“电信传输地震台网学术交流会”、1984年上海“全国地震观测技术学术讨论会”等会议上，都做了专题报告，不遗余力地向与会同志讲授专业知识、介绍学术成果。他兢兢业业，诲人不倦，一生都致力于我国地震台网发展和观测技术的进步，为我国防震减灾事业科技进步作出了突出贡献。

二、挥之不去的台站情结

（一）我在台站工作的往事

平谷地震台是1966年在邢台地震后建立的，是北京台网的八条线之一。

1970年7月我被调任北京郊区平谷地震台台长。当时台站有测震、倾斜仪观测，平行地电和水氡观测以及工力所的触发式强震观测。台站坐落在塔山的半山坡上，又称塔山地震台，共有六间平房，倾斜仪照相记录洗相室和测震熏烟室及仓库占用两间，地震记录室和办公室占用两间，余下的两间，一间作为值班室、一间作为宿舍，职工住上下床。我到任后，积极争取所里支持，又盖了120平方米的六间平房，那时每平方米造价仅有80元钱，新房落成后，解决了职工宿舍问题。又增加了两间办公室，扩展了职工业余文化生活空间，添置一张乒乓球台，铺上布办公，掀下布打球，工作与娱乐相结合，两不误，相促进。

观测山洞离办公室很远，有地震仪和记录倾斜仪，每天都要换纸，山洞条件很差，非常潮湿，倾斜仪需要调整基线，要花很多时间，在潮湿的山洞里往往一待就是几个小时，我们几个人几乎患上了风湿性关节炎。那时的测震观测手段落后，使用熏烟记录方式，每天都要标几张地震图纸，熏烟、糊滚筒是日常工作，也是项技术活，熏烟是否均匀、图纸糊得松与紧都直接影响记录波形曲线和观测质量，记到地震要标注震相到时，用三分向单台法测定地震三要素，尔后在坐标纸上画图，纵坐标为震级、震中位置，横坐标为时间轴，以了解地震活动图像。倾斜仪、平行地电、水氡观测都要画出变化曲线，当时水氡观测的脱气需要人工手动进行，我们采用自行车气筒打气的方式进行脱气，一次观测下来，进行脱气的同志都累得气喘吁吁的。工作条件虽然有些艰苦，但组织给予我们充分的关怀和照顾，比如，在台站工作比在城里工作每天多3角钱的补助，野外粮食标准为45斤每月，比城里33斤每人每月高出不少。有了组织上的关心和照顾，大家以苦为乐，团结和谐，踏踏实实做好监测工作。

当时台站工作条件简陋，且在山坡上，也没做防雷措施。仪器和观测室遭雷击是常有的事。其中遭受两次强烈感应落雷，十分严重，至今仍心有余悸。一是山洞的地震仪信号是通过长距离架空明线传到记录室，客观上有引雷的作用，当时我和曲克信同志在山洞门口架设62型地震仪时，没注意一个大的感应雷打过来，冲击波把我俩顶到墙壁上。另外一次雷击，当时我正在观测室维修平行地电仪的放大器，我转身到隔壁办公室拿维修工具，回来时，雷电已经把仪器打坏了，桌子上打出了一个大黑洞，我因不在现场而躲过一劫。后来，为了减轻雷击灾害，台站安装避雷针，另外碰上雷雨天气，组织台上同志打乒乓球，不接触电子元器件和实施观测业务，有效保障了仪器和职工安全。

（二）与其他台站的往事

1973 年 1 月中国地震局地球物理研究所成立了第一研究室，当时研究室的规模比较大，由仪器组、分析组、320 组（核查）、预报组、选频脉动组构成，党支部全面负责研究室工作，我历任室党支部委员、室秘书、代理支部书记等职务。

北京台网的 8 个台，全部为有人值守台，后来只有平谷台和沙城台有人值守，此外还有承担地震和核查任务的乌鲁木齐台、拉萨台和高台台。

其中，沙城台有测震、地倾斜和地应力观测，工作和生活条件都比较差，台站位于怀来县东垠村的半山岗上，交通非常不便。最大的困难是吃水难，要到村内深水沟挑水，台上还有 3 个女同志，都要轮班去挑水，用来做饭喝水洗衣等。为了解决吃水问题，我特意请党委书记王卓同志一起去台站实地查看，很快就安装了电机和抽水泵，台站工作生活状况得到明显改善，也方便了村民。还有台上供应粗粮，缺少细粮，我曾骑着两轮或三轮摩托车，从城里买上细粮穿越八条岭险要地段送到台上。

1973 年 5 月初，我和党支部成员胡存瑞同志坐了 76 个小时火车至乌鲁木齐台，台站位于远郊的七一毛纺厂附近，那时大雪还未融化，真是“五月天山雪，无花只有寒。”台站交通不便，生活条件比较艰苦，供应困难。返回途中又到了高台台，该台基很好，仪器放大倍率很高，但台站远离县城，当地经济困难，他们生活条件也比较差。拉萨地震台位于拉萨北郊，海拔 3760 多米，人烟稀少，常年缺氧。了解到台站困难后，我们积极争取支持，将台站职工生活补助标准提高，即乌鲁木齐台从每人每天补助 7 角提高到 1 元 1 角，拉萨台从 8 角提高到 1 元 2 角，高台台从 4 角提高到 7 角。后来又为乌鲁木齐台和拉萨台各配备了一辆吉普车，解决台站工作和生活出行问题。

（三）全国地震台站建设与发展

地震台是地震观测的前哨，是一切数据信息的源泉，是地震预报工作的基础，地震学也是一门以观测为基础的科学。

我在北京台网工作时，台站最多达 51 个，我都跑遍了，参加了许多台站选建工作、仪器安装、调试和维护工作。

随着国家地震局 768 工程的实施，我还参加了上海台网、成都台网、昆明台网的检查验收；参加了临汾台网、合肥台网、苏南台网、西昌台网、嘉祥台网、汕头台网等无线传输地方台网的检查验收；考察过广东省地震局利用国外仪器建立的数字台网、厦门市地震局和福建省地震局利用扩频微波技术建立的传输台网以及哈尔滨市地震局自制传输设备建立的传输台网；参加了淄博市、滨州市、秦皇岛市模拟台网，唐山市数字化台网、胜利油田数字化台站的建设，潍坊碱厂台无线传输，潍坊市和开封市地震局井下地震仪安装等；参加大庆油田台网设计，考察大庆油田台网中心和台站。1975 年和 1977 年又到拉萨地震台及地磁台、亚东台、墨竹工卡台和当雄台调研台站工作。后来参加地震台志、地震监测志、《地震监测仪器大全》编写工作，又遍访了其他省市县地震台站。

近 20 年来，在财政部的大力支持下，中国地震局实施“全国重点地震台站优化改造”项目，我作为项目技术专家组成员，着力推动台站优化改造项目落实，参加立项考察、中期检查及验收等，主要是北京市、天津市、河北省、辽宁省、吉林省、黑龙江省、山西省、陕西省、甘肃省、宁夏回族自治区、青海省、云南省、山东省、江西省、河南省、福建省、浙江省、安徽省、湖南省等。尤其是内蒙古，从海拉尔、满洲里、乌兰浩特、通辽阿尔山、赤峰中心台及子台，到二连浩特、呼和浩特、包头、乌加河、宝昌和乌海台等改造进程都倾注了大量精力。几十年来，除了台湾地区外，我几乎跑遍了全国各省、自治区、直辖市地震台，对台站工作怀有深厚的感情，也被许许多多的台站故事所感动。

经过“九五”、“十五”建设，台站基本上实现了数字化、网络化和智能化，加上上述提及的优化改造，进一步提高了地震观测质量，使观测数据更加科学、连续、可靠；基础设施和办公条件及生活条件得到改造与完善，台站的面貌发生了翻天覆地的变化，使台站的风貌与当地经济和社会发展相协调，寂寞、孤独的阴影消失，社会及民众反映明显改变，极大地激发了广大台站工作人员服务防震减灾事业的积极性和凝聚力。作为老地震工作者和台站人，见证着这些翻天覆地的变化，感到由衷的高兴和自豪。

三、记忆犹新的几次大地震

一是 1969 年 7 月 18 日渤海 7.4 级地震。那时我在天津市塘沽区解放军的北塘农场劳动锻炼，第一次感受到地震释放的能量之大，十分震惊，备感做好地震工作责任之重。

二是 1976 年 7 月 28 日唐山 7.8 级大地震。当时剧烈的震动把我震醒，开始上下颠簸，接着水平摇摆。那时我住在一楼，我第一个冲出宿舍楼，出来时楼房还在晃动，“咔咔”作响，令人感到非常恐怖。但地震工作者的使命，让我们忘记了恐惧，第一时间返回单位——三里河台网中心工作，立即组织有关人员开展流动观测和震情调查。下午近傍晚又经历了滦县 7.1 级大余震，经过持续不断的高度紧张的工作，整个身体都已麻木和迟钝。

震后第五天，我到了唐山，大地震现场惨不忍睹，比一场战争带来的灾害和损失还要大，真正体会到做好防震减灾工作极端重要性和地震工作者使命。之后，又到了附近的卢龙、宝坻、玉田及卢台，余震像大炮一样，“隆隆”作响。后来，又与张少泉、王碧泉、赵荣国、安昌强、马洪庆等几位专家到天津市地震局帮助工作，主要协助开展地震分析、地震趋势研判和宏观异常考察。关于大地震前后详情在2006年纪念唐山大地震30周年之际，专门写了《唐山大地震到如今》一文，刊登在中国地震局监测预报司主办的刊物《地震监测》上。

三是1978年11月宁河6.9级地震。震后我立即与有地震现场工作经验的同志驱车到震中区调查各种构筑物和基础设施的破坏程度，以便作出准确的烈度判断。记得有一次在某地，快到吃中午饭的时刻，负责食堂的人突然问我们从哪里来的，干什么的？我们如实说是从北京来的，地震局的。他们说，你们连地震都预报不了，还吃饭？场面很尴尬，我们也很无奈，只得默默忍受着他们对地震工作者的不解和埋怨。

四、几点感悟与希冀

（一）牢记使命　一代接着一代干

2019年，党中央在全国广泛开展“不忘初心、牢记使命”的主题教育，我们地震工作者一定要增强“四个意识”，坚定“四个自信”，做到“两个维护”。作为地震人，始终把早日攻克地震预报的目标和历史使命牢记心中。

邢台地震时，周恩来总理指出：“我们的祖先只给我们留下了记录，没有留下经验，这些代价不能白费！我们还可以只留下记录吗？不能！必须从中取得经验。”“希望转告科学工作队伍，研究出地震发生的规律来……”周总理的教诲总在耳边回响。经过几十年的探索，地震工作者曾作出1975年2月3日的海城7.3级地震、1999年11月29日的岫岩5.4级地震等十几次作出有减灾实效的预测预报，应当有自信。但也有1976年唐山大地震、2008年汶川大地震的惨痛教训，因此不能盲目乐观，不能浮躁敷衍，一定要一代接着一代兢兢业业、踏踏实实地干下去。马克思说过“在科学的道路上没有平坦的大道，只有不畏艰险沿着陡峭山路向上攀登的人，才有希望达到光辉的顶点。”地震预报至今仍是一个人类尚无攻克的难题，只要我们耐得住寂寞、守得住清贫、坐得起冷板凳，锲而不舍地矢志前行，一定能够迎来地震预报科学的光辉明天。

（二）开拓创新　攻坚克难

傅承义

周总理在邢台地震时还发出：“我们应当发扬独创精神来突破科学难题，向地球开战”的号召，同时指出“这在国外也从未解决的问题（地震预报），难道我们不可以提前解决吗？”

傅承义先生是我国著名的老一辈地球物理学家，是中国地震学会第一届理事会副理事长。他早在1956年率先提出中国开展地震预报研究工作的规划，指出了实现地震预报的科学途径和实施方法。20世纪70年代提出了关于地震成因的“红肿理论”；1973 年编著出版了《大陆漂移、海底扩张和板块构造》，1976 年又出版了《地球十讲》，他一生都在为早日攻克地震预报难关而奋斗，是开拓者、先行者，我听过傅老的讲座，他曾提到不但要研究地球内部，也要研究地空介质的变化。

李四光

李四光先生是我国著名的地质学家，曾是中国科学院副院长、地质部部长、中央地震工作小组组长。地球物理学是一门边缘科学，他的理论为另一门新兴边缘科学——地质力学奠定了基础。他用力学的观点研究地壳的构造和运动规律，强调在研究地质构造活动性的基础上，观测地应力的变化，为地震预报研究指出了一条新途径。我曾聆听过李四光先生的两次报告，尤其对他在中科院大楼所作的报告印象深刻，他专门讲了现代地质力学理论不同于地台、地槽、地轴的传统地质学；强调构造体系，中国大陆属于新华夏系，要密切关注同一构造体系的其他构造带活动，它们是受同一地应力场的控制，地震与地质构造，尤其是与活动构造密切相关；要加强地应力测量，研究地应力的性质、特点和变化规律，等等。

傅承义先生和李四光先生等为代表的老一辈科学家们创立科学理论和光辉实践为后人树立了榜样，我们应该传承他们的优良作风，在地震科学研究与探索中始终坚持“开拓创新、求真务实、攻坚克难、坚守奉献”的行业精神，坚守“百家争鸣，百花齐放“的学术传统，不断开拓防震减灾事业科技发展的新局面。

（三）加强地震大数据应用

我国是一个地震大国，地震观测历史悠久，地震数据量大而又丰富。我等几人曾经在 2001 年发表了一篇文章《重要历史地震记录资料的抢救和数字化》，欣喜地看到这项工作已经起步，将在全国陆续开展，将获得一大批数字化的宝贵资料。地震观测进入了数字化时代，各学科都在产出大量数据。我觉得国家投入了大量的物力、财力、人力，获得这些基础数据和资料，实属不易，对地震大数据应用应引起高度重视，应组织精兵强将或专门机构加强开展这方面的工作。

（四）加强地震科技清理研究

我记得从 1983 年起，当时国家地震局科技监测司曾组织了 2200 余人，用了两年多的时间，进行地震监测与预报方法的清理研究，包括测震、地形变、水位、水化、重力、地电、地磁、地应力和综合分析等 9 个方面。并对华北地区和南北地震带 10 年强震危险区的判定方法进行了系统研究，将有价值的成果汇集成册。

30 多年过去了，这期间也发生了不少大的地震，在前次清理研究的基础上，应组织各个学科在理论、技术、手段、方法、人员队伍和管理诸方面认真清理研究和总结一下，总结经验是为从中获得更理性的认识，或者寻求与地震的定量关系，对于不足或问题提出改进措施，有些问题可开展学术、技术研讨，靠自身的力量、集体的力量，依靠现代科技巨大进步，以更开阔的视野、更创新的思维，砥砺前行。

本文得到了中国科学院地质与地球物理研究所王广福研究员的支持与帮助，在此表示衷心感谢!

（来源：纪念中国地震学会成立40周年“地震者说”主题征文。作者简介：1967年山东大学毕业，1968年被分配到中国科学院地球物理研究所工作，1968—1972年在第三研究室（三连）、1973—1974年在第一研究室、1974年10月—1977年在所政治处、1978—1993年2月在第四研究室；1993年3月在国家地震局数据信息中心工作，该中心后更名为国家地震局信息中心、中国地震台网中心，2002年退休。研究员。）

拨开唐山大地震的迷雾

——一个老地震专家的家国情怀与责任担当

邓禹仁

编者按：举世震惊的唐山大地震已经过去了40多年，时间似乎能够抚平曾经的创伤，但丝毫不能减弱我们对它的好奇，特别是从事防震减灾工作的年青同志，为什么唐山会发生那么大的地震，当时救援究竟是什么样子，灾民是如何自救互救的，灾难中的人们是怎样活下来的，有哪些启迪，等等一些问题，像谜一样萦绕在我们心头。编者在整理资料时，偶然发现了一个30多年前由地震出版社出版的邓禹仁先生编著的《唐山大地震之谜》小册子，细细品读，文风清新隽永，像涓涓细流，润物细无声，它不仅以优美的文字科学地解释了编者心头的疑惑，而且向我们展现了一个老地震专家深厚的家国情怀和责任担当，正如作者在序言和后记中所写的那样：

我是唐山人。在地震遇难者中，有我尊敬的师长和朝夕相处的同学，有我的血缘至亲和情笃意深的朋友。他们的音容笑貌犹在我心中，作为一名地震工作者，我没有保持缄默的权利。循着唐山地震的历史足迹，去追忆那些对人们有激励、启迪作用的事例与现象、经验与教训、知识与精神，以飨广大读者，并告慰唐山地震中殉难的同志们。

（唐山）地震震后整整两个春秋简易房生活的经历和感受深深印在脑海里。每当我重返故土之时，迷宫大海中的浪花总是在心头翻涌。回想那严酷的现实，憧憬美好的未来，曾多次责问自己：作为一个地震科学工作者我们应该给子孙后代留下些什么呢？当他们享受着比今天更加美好的幸福生活时，如何才能避免地震袭击之痛苦在他们身上重演呢？

一种强烈的时代紧迫感冲撞着我的心扉，敦促我动笔，告诉子孙后代，随时要有应变的准备！动员全人类的智慧和力量，决不能让唐山地震那样的悲剧重演！

编者读后油然而生无限敬意，在编辑本书时，收录了部分章节，期待与广大读者朋友分享，去拨开唐山地震的迷雾。

一、为什么在唐山发生了大地震

（一）万古沧桑话唐山

打开欧亚大陆古地理图可发现，在遥远的太古代，冀东一带是漂浮在茫茫古海中的古地块，20世纪70年代末期，我国地质学者在这里北部的迁西县境内长城脚下的太平寨地区，发现了我国迄今为止最古老的岩石——麻粒岩。经几个同位素地质学实验室的年代测定数据，计算该岩石的年龄为36亿年左右，为地球童年时期即太古代的产物，这个古地块标志着我国华北地区古地台壳增厚，并固结成相对统一的结晶基底，形成了长达千余千米的横亘东西的条状古陆，西起内蒙古大青山地，经山西阳高、北京密云和唐山的迁西、迁安等地，一直延伸到辽宁抚顺地区，即所谓的燕辽古陆。

约距今17亿年至6亿年，地球进入少年时代即元古代，地壳活动性增强，古地貌较为复杂，华北古陆开始下沉，在张家口、沈阳、郑州所夹持的三角形地域形成了一个以蓟县沉降中心的北东向沉降带，从浩瀚的南方古海滚滚而来的海水淹没了北京、天津等地。海中孤岛——山海关一带隔海与泰山遥遥相望。

又经几亿年的演进史，进入古生代，这里上升为比较稳定的陆地。古气候温和湿润，陆地上覆盖着大片大片以蕨类为主的茂密原始森林。后来，由于宇宙环境演变的周期性规律所制约，使古气候环境发生急剧的周期变迁，死亡的树木积于凹陷的内陆盆地，在长期的高温高压的作用下，逐渐形成了开平向斜盆地内丰富的煤炭资源。

到了中生代（距今2.3亿年至7000万年）的末期，由于西太平洋板块对亚洲大陆板块产生了北西向的移动，在纵贯我国东部的呈北东—北北东向的郯庐断裂带的控制下，导致了我国东部大型复式隆起带的产生，即新华夏构造体系，而结束了该区稳定的地台局面，进入了活跃的块断运动时期。随着燕山造山运动兴起，太平洋板块俯冲的持续和加强，北部燕山抬升突起，南部渤海下沉，地壳被拉张变薄，地幔上拱，幔源物资熔溶形成深岩浆上涌，伴随多期岩浆活动，火山爆发和海进海退，沿断裂上涌的炽热岩浆在地壳中冷却，由于地壳上升、剥蚀作用，使花岗岩出露地表，并构成了奇险陡峭的山峰，奠定了冀东一带现今地貌景观的基本轮廓。

大约在六千万年前，即进入新生代，太平洋板块相对亚洲板块的俯冲作用和印度板块由西向东北方向的推挤，使唐山一带成为掀斜断块盆地一角的嵌形地带。这些就为以后唐山地震的孕育和发展造成了特定的应力场条件。

（二）历史地震

现在唐山地区的山山水水，都记载着古构造运动和现代地壳活动的痕迹。据有关专家通过考古地震地质方法发现，在1976年唐山地震形成的地面裂缝上（市十中、市畜产公司牛马库和孔尚庄东）发现两次古地震遗址，在唐山外围也相应发现了一次古地震遗迹，古地震的发生年代，经 ^{14}C 年代测量，分别发生于距今7760余年和14800余年。这样算来，大震重复间隔近似值是7500年。看来，1976年唐山地震并不是一次突发性孤立事件，很可能是长周期古老震区的新活动。

对源远流长的历史地震活动事件的追溯，进一步证实这里是一个地震多发区。1679年，在蓟县古沉降中心的西侧发生了三河—平谷8级大地震。过了300年，在沉降中心的东侧唐山又发生了一次7.8级地震。从全球整体宏观角度分析，可以认为这是同一构造体系内重复发生的强震事件，只是震中位置出现一种迁移现象。

查阅有关唐山地区地震史料（永平府志等）发现在明清两代近500年历史中，冀东地区地震活动频繁，据不完全统计，共载地震条目146次，其中记入滦县的为45次，记在丰润县的有4次。进一步核查唐山市建立后的中华民国史料，耐人寻味地发现，随着“唐山”脱离了丰、滦两县的管辖，详细记载唐山地震的条目醒目地增加，出现3次。而同时丰润县的记载基本上消失，滦县的记载似乎有所减少。更有意义的是，在滦县、丰润地震记载中，有反映震动方向来自唐山的实事。通过上述追踪表明，唐山大地震并不是人们常说的是一个突发性的地震，它是剧烈运动地区进入活跃时期的一次必然事件。

（三）地下的“喜马拉雅山”

唐山市位于燕山隆起区的南坡，与南部的断陷盆地相邻，两区之间正是一条活动性断裂。唐山市又恰好在东西向阴山、燕山纬向地震带和北北东向华北平原扭动地震带的交汇部位。

如前所述，从新生代早期开始，本区发生了强烈的断块分异运动，形成了以渤海为中心的垂直下降运动，下辽河、渤海、河北平原强烈下沉形成坳陷，在南部平原地表深处潜藏着许许多多古老山头，称为古潜山，而北部燕山地区则上升隆起。其升降幅度差可达一万二千多米，此差异之大小可与喜马拉雅山的抬升高度相比拟，可以说，我们在中国东部看到了一个“地下喜马拉雅山”，而唐山则位于此山的斜坡上，濒临一条活动断裂带，有条件经受“地下风暴”的袭击。

从细部看，唐山位于似鞋底型的开平原煤盆的西南部边缘：盆地边缘断裂发育，两组平行断裂形成一个菱形块体，唐山处于菱形的最长对角线上，整个市区坐落在一组北东六十度的断层带上，在倒转背斜的东部向斜内发育着1、2、3、4、5号五条断层，这些断层规模很小，又很紧密，其中5号发震正断层与相邻的4号逆断层为一组共轭断层组成楔形结构，是一个不稳定的、易滑塌的“墙角”。就像一张拉满弦的弓一样；有很大的发射能、位能储存着。

上述研究均指明，唐山位于地质构造的转折过渡带上，地球物理和地球化学的陡变带，新生界底界深度陡变和急转弯处，区域地壳活动的差异性与唐山地区局部断裂活动的阻滞性（闭锁性），这些就是大地震为什么在唐山发生的地震地质背景。

二、罕见的巨灾骤发——唐山大震

夜，寂静的夜。只有时钟在不知疲倦地走着，“哨、哨……”随着十二声脆响，时间的脚步悄悄迈进了1976年7月28日。如同往常夜晚一样，劳动和工作了一天的冀东人民在熬过炎热的夜晚后正沉浸在甜蜜的睡梦之中。然而，又有谁知，一场猛烈的地下风暴即将来临！三点半，强大的“信号灯”似的光芒照得天地间明如白昼；三点四十二分，沉雷般的隆隆声由地下奔腾而来；三点四十二分五十六秒，大地如醉如狂般地抖动起来，一场千载罕见的大地震爆发了。强大的地震波把整个唐山从安然酣睡中忽地拾起，跃向天空，又无情地抛下。顷刻间，灯光消失，烟雾弥漫，几乎所有地面建筑物都荡然无存，一场空前的惨祸从天而降！冀东大地几百万人被压在废墟之中，被推进了生死未卜的灾难的深渊！

（一）相当于四百多颗原子弹齐爆

唐山大地震给人们的刺激太深了。那耀眼蓝光，那震耳欲聋的地声，仿佛依然闭目可见，侧耳可闻。还有那狂烈的抖动，好似具有千钧神力的“安泰”摇动整个天地，其势如天塌地陷，扰乱了地球运动的正当节律。令人怀疑是地轴被折断了，或是地轴忽然脱离了“摇天车”的吸引轨道。更有甚者说唐山陷下去了，成了渤海的组成部分。

的确，地球的这一局部的骤然强烈痉挛牵动了整个神州大地。据调查、唐山地震的有感范围波及全国十四个省、市、自治区（计有北京、天津、黑龙江、吉林、辽宁、内蒙古、山西、陕西、宁夏、河南、山东、安徽和江苏等），北到黑龙江省满洲里，南到河南省正阳，西到宁夏的吴忠。长轴达2142千米，在我国陆地上，面积约为2170000平方千米，占全国总面积的23%。其规模之大，可见一斑。

唐山地震到底有多大？真的是7.8级吗？由于人们对地震震级与能量大小、震级与烈度的关系不清楚，或者人们把地震震级测定与当时的社会背景联系等，于是，社会议论纷纷，加上对震灾的恐惧心理，一时人们对震级大小产生了许多误解。

然而，唐山7.8级地震是正确而可信的。这是由西安、兰州、成都、渡口四个地震台的513型中强地震仪所记录的地震图测定出来的，这个7.8级，到底意味着什么呢？简单计算，

它所代表的是 3.2×10^{16} 焦耳。这是一个相当可观的能量数值，它相当于我国自己设计的 125000 千瓦双水内冷发动机组连续运转 8 年的总电能。在战争恐怖的阴云里，原子弹扮演着令人生畏的角色，1945 年美国投向日本广岛的原子弹给人们带来了至今难以痊愈的创伤。然而，唐山 7.8 级地震却相当于四百颗原子弹一起爆炸。所以，唐山地震比邢台（6.8 级）、海城（7.3 级）地震强烈得多，其破坏程度也严重得多。相当于四至五个海城地震那样大，比 30 个邢台地震还要大一些！

类似于母雷或氢弹爆炸的原理那样，唐山大地震发生了一系列中强和小地震活动，这就形成了一个连珠炮，称之为地震序列。截至 1980 年底，统计得到的大小地震就有 24381 次之多。其中，最大的 7.8 级占全部释放总能量的 83.4%；其次，滦县 7.1 级地震占 7.5%，宁河 6.9 级地震占 3.7%。

（二）触目惊心的震害

建设了长达半个世纪的唐山被毁于一旦！唐山地震被列为 20 世纪十次破坏性最大的地震之首。这是一场人类历史上罕见的自然灾害。房倒屋塌，烟囱折断，公路开裂，铁轨变形，地面喷水冒砂，淹没大量农田，煤矿井架歪斜，矿井大量涌水。震后，通讯中断，交通受阻，供电供水系统被毁坏。唐山市变成一片废墟，景况惨不忍睹。

据统计，这次地震市区震亡人口 148000 余人，占全部人口 14%，其中男性死亡率约占 45%，女性约占 55%。死亡率与烈度高低呈正比：十一度区死亡率约为 27.6%；十度区约为 16.4%，九度区约为 6%。此外，各地来唐山出差、工作、学习、探亲等流动人口震亡 12000 多

人。全市共 160000 户中全家震亡的有 7281 户。重伤 81000 多人，其中 50000 多人转移到九省市治疗。轻伤约为 360000 人。截瘫病人 1700 多人。地震造成的鳏、寡、孤、独者有 3600 多人。

唐山地区各县共震亡 61000 余人，受重伤 60736 人。

这惊人的数字，每一笔都滴着无辜者的鲜血。这场骤然降临的天灾，给人们留下了永世不可磨灭的痛苦记忆。

这次地震破坏范围很大。唐山市路南区至女织寨为烈度十一度区，是地震的震中区，几乎所有房屋建筑荡然无存，成了一片瓦砾。区内钢筋混凝土结构的胜利桥，桥墩折断，桥面下落。唐山机车车辆厂的钢结构厂房也大都倒塌。吉祥路一带，震后发现一条长达 10 千米与地质构造有关的断裂，走向为北东四十到五十度，有明显水平移动，错开公路和林荫道将近两米。同时，该区还出现大量地裂、地面下沉，带有古代沉积物的黑水从地裂缝滚滚涌出。

大震后，余震接踵而来。当晚在滦县北面又发生一次 7.1 级强余震，宁河等处发生多次 6 级左右地震，不仅摧毁了那些已岌岌可危的建筑，而且加重了震害，提高了烈度。尤其是唐山地区东部各县靠近震中的地方，震害重叠作用很明显，破坏惨重。如迁安滦河大桥，7.1 级地震后桥梁下落，砸倒桥墩，三孔坍塌，在桥南部的北坡基岩上造成岩体崩塌，直径 1 米左右的巨大滚石滑落堆积在公路；滦县城东的滦河大桥，7.8 级地震后遭到轻微破坏，尚能通车，晚上的强余震使 35 孔大桥有 24 孔落架。正在桥上通行的六辆马车、一辆汽车和三辆自行车掉进波涛滚滚的滦河中。

据统计，全区共震毁民房 425 万间，其中唐山市 47 万间，700 万平方米；各市、县、村镇 373 多万间，6000 多万平方米。从烈度情况计算，十一度区（面积为 27.5 平方公里）震毁房屋达 99%；十度区（面积为 367 平方公里）震毁房屋达 94%；九度区（面积为 1800 平方公里）达 82%；八度区（面积为 7270 平方公里）达 73%；七度区（面积为 3300 平方公里）达 48%，六度区达 7%。

工矿企业全部停产，机器设备毁坏严重。

供电系统全部破坏，唐山市及附近各县电源被切断，发电厂全部停产，变电站、输电线也遭到破坏，通信系统全部破坏，唐山地区 15 个县、市、区对外通讯全部中断；交通系统破坏也很严重，京山铁路的震中地带钢轨多处扭曲，扭断。桥梁有的被震坏，有的桥墩错动、断裂、甚至倾倒，梁体移动甚至坠落。有的地段路基下沉，开裂。站场设施、通信信号设备、厂房、仓库、公路建筑等都遭到破坏。地震时，在震区共有列车 28 列，由于路基线路的突然变形和巨大的地震力以及地震波的冲击，使正在行驶中的 7 列列车同时脱轨倾覆，其中客车 2 列，货车 5 列。铁路运输一度中断。公路路面多处断裂、拱起塌陷桥梁破坏极为严重，特别是滦河和蓟运河两座大桥的破坏，切断了唐山与沈阳、天津之间东西两大干线的公路交通。

唐山市区由于水井、地下管线和水厂建筑物遭到破坏，致使全市供水中断。极震区医疗单位的建筑物几乎全部倒平，伤员一时无法就地进行治疗。

农田水利工程破坏也十分严重。陡河、邱庄、洋河三座大型水库和般若院、八一两座中型水库大坝塌陷、裂缝、防浪墙倒塌。410 座小型库有 240 座被震坏；九万眼机井有 6200 眼淤沙错管；80 座扬水站和 4175 座大小闸涵被震坏震毁；几条主要引洪河道和排洪排涝的河渠大堤沉陷、断裂，河床变形，渠底淤高，入海口阻塞由于喷水冒砂而积水和砂土压埋的耕地 120 多万亩。毁坏农业机械 5500 千余台（件）。砸死大牲畜 3600 多头。

从经济上计算，全区国家和集体损失约 5.448 亿余元，大体城乡各占一半。所以，地震灾难之重，损失之大是历史上罕见的。

另外，唐山地震虽没有发生海啸、水库堤坝决崩、滑坡、泥石流所导致的次生灾害，却也发生了严重的水害，主要是矿井水害和喷砂冒水。如开滦矿全区由于地震引起地下涌水量猛烈增长，加上停电矿区设备处于瘫痪状态，使矿区巷道被淹没，积水量达 1.6 亿立方米，相当于一个“地下水库”。

三、震惊于世的壮举

如果说罕见的、骇人听闻的唐山大地震给人们留下难以忘却的永久记忆的话，那么唐山震后亿万人民所谱写的惊心动魄、气壮山河的一部雄壮抗震救灾史诗，则在人类历史上增添了值得千古流传的灿烂篇章！它记载着可资后人借鉴的极其宝贵的经验教训。

震后当天，党和政府向唐山丰南等灾区人民发出了慰问电，指出，党和政府“极为关怀，向受到地震灾害的各族人民和人民解放军指战员致以亲切的慰问。”并庄严号召：“团结起来，向严重的自然灾害进行斗争，下定决心，不怕牺牲，排除万难，去争取胜利！”

这慰问电是动员令，也是号召书，它通过广播传遍神州大地，一幅惊天动地的抗震救灾壮观宏图在唐山展现。随着急切的“北京……唐山”和“唐山……北京”的紧张呼叫，中南海内明灯高照，党中央在研究和制定抗震救灾的决策：紧急支援唐山灾区，成立中央抗震救灾指挥部、派出部队、全国支援，地方系统实行对口支援、派出中央慰问团、派出国务院联合工作组……

上午 9 时，派出的第一架专机在唐山降落。

下午 4 时，在唐山机场的一个帐篷里，中央领导和各部委、河北省及唐山地、市的负责人正在召开一次非常重要的现场紧急会议，详细而具体地研究部署了全面实施抗震灾的方案、计划。

震情是一道庄严的动员令。为了迅速按系统对口进行震灾调查，进行对口支援，北京、沈阳、济南军区抗震数灾指挥部，陆、海、空和基建工程兵抗震救灾指挥部，唐山地震抗震救灾前线指挥部、后勤指挥部，唐山地、市、县各级抗震救灾指挥部等指挥机构相继成立，各指挥部下设办公室、物资组、财贸组、工业组、基建组、交通组、文教组、卫生组、农水组、保卫组、宣传组等。有关省市成立了相应的对口办事机构——办公室、接送站等等。这样，一个全国范围内的有组织、有计划的抗震救灾工作紧张而有秩序地展开了。

一道道命令、指示，由首都北京发向全国各地：

北京、上海、辽宁、吉林、山东、江苏、福建、湖北、四川、山西、内蒙古、云南、新疆等省、自治区、直辖市以及河北省各地分别派出大批医疗队。全国29个省、自治区、直辖市、支援灾区的人员以及药品、食品、衣物、粮食、帐篷、炊具、毯子、苇席、油毡和木材、水泥等急需物资、通过空中、海上、陆路源源不断地向灾区汇集；短时间内，一封封慰问电、慰问信满载着全国各族人民对灾区人民的深情厚谊，从长城内外、大江南北，像雪片一样飞向灾区。这1712份电报和57854封信件（震后一个月统计），有的来自祖国东海前哨阵地，有的来自天山脚下机关学校，有的来自云南少数民族乡寨，有的来自内蒙古草原、钢城……

在天空，引擎轰鸣，一架架银燕搏击，向着唐山方向飞去……在海上，汽笛长鸣，航灯远照，一艘艘舰船以最快速度向临近灾区的码头靠近……在陆地，车轮飞转，满载着救灾人员和物资的汽车，浩浩荡荡飞奔在通往唐山的公路上，一辆接着一辆，源源不断，宛如一条条长龙，沿着京唐、津唐、唐遵、唐秦等公路线，在写有醒目的指向唐山的一座座高大标志牌的指引下，向灾区驶去，前不见头，后不见尾。由解放军、民兵和警察联合组成的交通指挥所沿途指挥行驶，维持交通秩序。不分昼夜，也不论烈日炎炎、急风暴雨，车队战酷暑、斗泥泞，高速前进！

时间就是生命，时间就是胜利。在这种极端特殊的情况下，每个人都知道“时间”的深刻含义！

北京、辽宁、山东、黑龙江、内蒙古、湖南、广西、广东、江西、甘肃、宁夏、陕西、新疆、安徽、四川、贵州等省、自治区和直辖市都十万火急地向灾区运送救灾物资，并派出医疗队，支援灾区。

全国支援的救灾物资，截止到1976年10月底统计，共有530多种，70万吨，总值2.4亿余元。这些物资是用火车皮1800个、汽车4500辆次和飞机1080架次抢运来的。

参加唐山抗震救灾的人员，达18万多，其中：中国人民解放军指战员10万多人，医疗救护人员3万多人，其他救灾人员5万多人。

四、抗震救灾取得重大胜利

新旧社会两重天。旧中国历史上发生过多次大地震，震后田园荒芜，疾病流行，劳动人民家破人亡，流离失所，逃荒要饭。统治阶级趁火打劫，敲诈勒索，大发横财。饿死、冻死、病死者，不计其数。

然而今天，在党和各级政府的领导下，在全国、全省各地人民的支援和帮助下，虽然震害空前严重，却在短短的时间内取得了抗震救灾的初步胜利。恢复生产、重建家园已有步骤地展开。

日本《长周新闻》指出："地震本身是无法避免的自然现象，然而，在如何对待这种天灾上，政治社会制度的差异就泾渭分明地反映了出来。"对于经历过五十几年前日本关东大地震的日本人民来说，"中国政府和人民团结一致对付业已发生的大地震，救灾恢复工作有条不紊地进行的状况，是发人深省的。"

震后几百万群众被埋压在倒塌的房屋下面，抢救工作迅速展开。广大农村由于人口密度小，又是平房，抢救工作进展快，地震当天基本完成。但市区由于砖石、混凝土预制件结构的建筑和楼房较多，人口密度大，虽经奋力抢救，仍有大批人员未能脱险。为减少伤亡，需火速外转重伤员，开始主要靠空运，与此同时，调动省战备汽车团和地区运输部门的 800 余部汽车，组成十几个救灾车队。中央调来 2400 多部汽车，外省车队多达 1500 余辆。人民解放军的 8000 多辆汽车，不但随支援部队一起行动，而且承担了大批集中物资的运送任务，为抢救工作做出了巨大贡献。

在震后头几天，灾民生活遇到重重困难，经过统一部署和各部门的努力，对灾民生活的各方面基本给予了妥善保证。

吃饭：紧急动员省内各地、市昼夜赶制烙饼、馒头、饼干等食品。各省、市也给灾区送来了大批饼干、面包等食品，先后共向灾区运送熟食 9740000 斤。对这些熟食采取两种方法分发：一是每天出动上百架次飞机，向重灾区空投；二是由解放军领取，划区分片，直接分发到灾民手里。

供水：采取特殊措施，多渠道解决灾民用水。一是把各配水厂贮水池中存放的水向群众开放；二是利用市区的三十多口自备水源井，就地向群众供水；三是组织全国的消防车、洒水车、油罐车运水，定点供水到户；四是利用市区补压井，向四周铺设水龙带，形成一大批临时供水点。

住房：运来 10380000 根杂木杆，900000 卷油毡，1380000 片苇席等大批建房物料。震后两个月内，唐山市建起抗震简易房 379000 间，秦皇岛及各县建 1570000 间，大体每户有 1 ~ 2 间住房。天冷前，群众都住上了防震、防雨、防寒、防火的简易房。这些结构简单、经济适用的新型建筑的特点是：四梁八柱、荆芭板条苇箔墙、薄板油毡轻屋面，施工技术简单，抗震性能强。

为及时接收、分配好全国支援的救灾物资，在铁路沿线共设 18 个接收点，配备汽车 1500 辆，组织了万人装卸队伍。

在毁灭性灾害的特殊情况下，唐山市8月份工资未发、商业机构没有恢复的一个月内，对人民生活必需的粮食、蔬菜、食油、猪肉、食盐、成菜、碱面、肥皂、煤油、火柴、妇女卫生纸等11种商品，临时采取了免费供给的办法。同时，在解放军的大力协助下，突击搭建简易粮店、商店，设立流动售货车，8月中旬，108个粮食供应点和一批商业网点开始复业。随着工资的发放，从9月1日起，停止供给制，恢复了商品供应制度。

抢修铁路、公路的工作：从地震当天就着手进行8月上旬通坨、京山、唐遵铁路和主要公路干线先后修复通车。

大部分工厂、企业部分和全部恢复生产。厂矿的烟囱已经冒烟，机器发出悦耳的响声，公共汽车在街道上行驶，银行恢复工作。一批“抗震学校”陆续开学。这一曲曲响亮的共产主义大协作的凯歌响彻唐山上空！

半年内，70多万名伤员绝大多数就地治愈，转移到外地治疗的近十万名重伤员已有88000多名治愈返回家园。

1976年9月1日，唐山丰南地震抗震救灾先进单位和模范人物代表会议在北京人民大会堂隆重召开。宣告：人民的抗震救灾事业取得了巨大成绩！

（源自《唐山地震之谜》，邓禹仁编著，P1 ~ 43）

追梦人说

我国防震减灾事业发展离不开地震工作者攻坚克难、坚守奉献，离不开一代又一代地震工作者薪火相继、赓续流传，离不开党、国家和人民的关心关怀。本篇遴选了从事防震减灾工作的老一辈地震专家学者、中青年科技先锋、基层地震工作者等的 18 篇优秀文章，他们用朴实无华的语言深情讲述坚守的平凡工作和矢志不移的追梦故事，回顾了他们所经历的峥嵘岁月，真诚表达了他们对党、国家和人民的忠诚及对防震减灾事业的执着。

地震台

——我坚守的那些岁月

王玉秀

2019年是中国地震学会成立40周年纪念，举办了“地震者说”的征文活动，作为一个老地震工作者，欣然提笔，说说当年的往事。

我是1965年山东大学毕业以后分配到当时的中国科学院地球物理研究所的。当时全国各省市还没有地震局，全国所有的地震台站都由地球物理研究所派人管理。台站分两种类型：一是负责速报天然地震的台站，由地球所第三研究室派人管理；二是除速报天然地震外，还要监测速报（美国、苏联和我国国内）核爆炸信号的台站，由地球所第七研究室派人管理，我当时是第七研究室的一名技术员。当时承担“320任务”（核爆炸探测）的台站主要有新疆乌鲁木齐地震台、甘肃高台地震台、西藏拉萨地震台等。

1967年秋天，我和赵开方同志去甘肃高台，替换已经在台上工作了近一年的赵仲和、李晓南同志。火车开到张掖不走了，我们在招待所等了一周，火车还不走，我们只好乘汽车去高台。高台地震台在高台县城以北约3千米的戈壁滩上，那里连一棵树都没有，只有一些杂草和野葱。但台基很好，放大倍数是当时全国最高的。

台上有三套仪器：一台微震仪、一台基式仪和一台62型光记录仪。当时台站一般情况下两到三人，没有星期天和节假日。我在的时候是两人，一个人值班，负责换记录纸、添加墨水、测量数据、速报地震和核爆炸信号。一听到警铃响就赶紧下纸、洗相、测量数据、交切震中，区分是地震还是核爆炸，是地面爆炸还是地下核试验，然后利用密码电报和电话向北京值班室报告，这需要有一定的经验和理论知识。另外一个人负责做饭或者去县城邮寄图纸、买菜。那时台上没有自来水，吃饭、冲洗相纸用水全都要到附近村里去挑。路曲曲弯弯，崎岖不平，中间还有一条水沟，一路上上上下下，摇摇摆摆，往往一担水挑到地震台就剩半桶，所以要挑好几趟，才能满足台站工作和生活用水。那时候蔬菜很少，粮食、肉凭票购买，20多岁的小伙子一个月仅30斤粮食，吃不饱是常事，起初大家都忍着，照样充满激情地干工作，后来研究所的同事知道了，自发地支援了好多全国粮票，解决我们的温饱问题。

当时，台上没有电，观测仪器是光记录的，仅靠蓄电池供电，每周用牛车拉着电瓶到县城去充电，成了我们日常重要的工作之一。记得有一次，我坐在拉电瓶的牛车上，电瓶的硫酸由于路途颠簸，溅到裤子上，把裤子都烧破了，当时我们没有针和线，又没有别的换洗衣服，只好利用橡皮膏把裤子补上，凑合着穿，好在台站上都是年轻小伙子，没有外人，也不怕别人笑话。

有一天，我到地震摆房检查仪器，结束后，想改善一下伙食，就到戈壁滩上挖野葱，找了不少，有一斤多，很兴奋，就走出去很远。这时候，阴云密布，狂风大作，居然下起雨来，因为没有建筑物和树木，风刮得我站立不稳，只得顺着风跑，当时我只想赶快回台上躲避这狂风暴雨。在沙漠，帮助辨明方向的参照物很少，跑着跑着，连东西南北方向都搞不清了，又怕走错了路，越走越远，所以我就坚持在原地乱跑，抛石头，暖和身体。我知道晚上 8 点多有一趟北京到乌鲁木齐的火车经过高台站，有车灯的方向就是正南。这样，我一直等到晚 8 点多，看到了车灯，确认了前进方向，才向台站跑。等跑回到台上，看到老赵同志正在召集老乡开会，研究寻找我的方案。大家看到我回来了，十分激动，就像遇到久别重逢的亲人一样，冲上来和我拥抱。

那时候，我的家还在山东，就我一人在北京，所以很愿意到外地出差，除开阔眼界、见见世面外，积累点实际工作经验，知道数据是怎么获取的，对以后的研究工作很有必要。出差每天有 3 角钱的补助，对于一个月只有 56 元工资的我来说也很不错。我前后三次到高台地震台工作，每次十来个月，然后回所汇报工作、回家探亲。

拉萨地震台

1974 年，我又到西藏拉萨地震台工作了一年，去替换在那里的姜维歧同志。到拉萨，当时我是先乘火车到成都，再换乘飞机到拉萨。那是我生平第一次坐飞机，透过舷窗向外看，湛蓝湛蓝的天穹下，飘着洁白的、棉絮般的层层云朵，层层叠叠，舒卷有度，似九天仙女舞动的长袖，自然飘逸，美丽极了。白云下是连绵不断的群山，青青的山，绿绿的水，共同铺陈了一幅幅美丽的祖国山水画卷，美轮美奂，令我叹为观止。

初到拉萨，高原环境海拔高，不适应，明显感到气不够用，不敢走快了，过了一星期才适应过来。在拉萨，因为道路高低不平，落差较大，骑自行车很困难，后来组织上给我们买了一台吉普车，解决了我们工作和出行难题。当时拉萨没有蔬菜卖，为了能够吃上新鲜蔬菜，我们只好在台站里开辟一片菜地，在高海拔的条件下尝试自己种菜，改善饮食结构。

在台上，除了值班做饭外，就是学习地球物理学知识，台站生活虽然寂寞，静下心学习是排除孤独的最好手段，也对以后的工作大有帮助。

现在回想起当年的台站生活，很有意义，还有点留恋。

（来源：纪念中国地震学会成立 40 周年“地震者说”主题征文。作者简介：王玉秀，1941 年生，1965 年山东大学毕业，分配到当时的中国科学院地球物理研究所工作，曾在甘肃高台、西藏拉萨、新疆乌鲁木齐台工作过，曾任北京电信遥测地震台网副主任，国家地震局地球物理研究所副所长、纪委书记，防灾科技学院党委书记，原《中国减灾报》社长等职务，现已退休）

一颗心，永攀高峰

——记中国地震局工程力学研究所恢先地震工程综合实验室主任

王　涛

7月上旬的哈尔滨，30摄氏度，空气中透着燥热。走进有着“中国地震工程研究先驱”之称的中国地震局工程力学研究所，绿树环绕，芳草茵茵，两座古典中式建筑坐落其中，成为城市中的一片清静之地。建所65年来，这里造就了一代又一代地震工程学人，如今也有一位科研新星引人注目。

他35岁成为研究员，是近年来中国地震局评选的最年轻的研究员；他39岁领衔团队摘得国家科技进步二等奖，科研项目被国外同行认为解决了国际地震工程界面临的重大技术挑战，代表国际最高水平；他从踏入工程力学研究门槛的那天起，就决心搞出些名堂来。十多年来，这样的念头，一直激励着他在攀登科学高峰的征途中不断超越。

王涛

初心坚定

地震激发了他要为减轻地震灾害做点事的志向。

“是汶川大地震把我和地震工程研究最终结合在一起的。”王涛在回忆自己是如何回国，最终走上地震工程这条科研道路时，把思绪带回到2008年。

2008年，王涛正在日本京都大学攻读博士后、担任JSPS特殊研究员，师从世界地震工程协会（IAEE）候任主席中岛正爱。2008年5月，汶川大地震的发生打破了他平静的海外生活。地震发生后，王涛第一时间回到国内，来到地震现场。当看到大地震给中国带来的巨大灾难时，王涛更加坚定了长期以来埋在心底的念头：“我要回国，为中国的地震灾害防御工作做点事。”当时，他的妻子在日本知名企业有着稳定的工作。面对王涛“我的事业在中国，我要回去”的选择，妻子毫不犹豫地决定和他一起回国。

回国后，王涛到中国地震局工程力学研究所（下称工力所）就职。那一年，他 31 岁。工力所所长孙柏涛回忆起王涛入职的情况时还记忆犹新：“一看他的履历，基础特别牢固，在清华大学读的土木工程专业的本科、研究生，在京都大学读的地震工程博士，关键在于他自己特别想在地震工程领域干些事情。”工力所在第一时间聘任王涛。

11 年来，这位学业出身“名门”的年轻人，总是以一种向上的姿态，不断提升科研攻关的高度，无论遇到什么困难和诱惑，都改变不了他对地震工程研究孜孜不倦的追求。王涛说：“每当看到从地震废墟中抬出的死伤者，我对自己从事的工作就多了一份要求。”

随着在业内的知名度越来越高，有很多高校甚至国家机关以优厚条件邀请他，王涛告诉记者，他始终记着回国时的初心，更放不下对防震减灾事业的追求。装在他心底的，始终是专心研究建造防震性能更好的房子，把地震带来的灾害降低一些。

苦心经营

“三个男人和一条狗”见证了实验室的华丽转身。

在进入工力所的大门影壁上，镌刻着马克思的一句语录：在科学上没有平坦的大道，只有不畏劳苦沿着陡峭山路攀登的人，才有希望达到光辉的顶点。了解王涛的人告诉记者，他就是这样一位在科研道路上有股子劲、不断攀登的人。

人类无法阻止地震的来临，但可以通过改进建筑的设计，提高其抗震性能。2008 年底，工力所安排王涛到该所位于河北燕郊的恢先地震工程综合实验室工作，开展建筑抗震的研究和技术开发。

那时的实验室，刚起步，缺设备、缺人员、缺项目。实验室的“常驻人口”只有他、一位助手、一位为实验室看门的大爷和一条狗。此外，还有几台实验仪器，大型试验无从下手。

世上无难事，只怕有心人。王涛想方设法，运用在国外学习积累的成果和技术方法，联合清华大学自主研发了一套具有完全知识产权、国际领先的子结构混合实验控制系统。实验室需要搭建高层模型，缺建筑工人，他撸起袖子，挑最重的担，拿起砖瓦刀，当起泥瓦匠；缺实验人员，他就日夜守在实验仪器前，盯着记录下实验中的每一个细节；那时候，哪里需要，他就出现在哪里；不管干什么，到了就能上手干活。那时的实验室条件简陋，冬天风大，常常吹得满脸土；夏天炎热，干起来就是一身汗。一天忙活完，整个人灰头土脸，不知道的，还以为他是实验室雇来的建筑工，干得那么投入。

11 年来，在他和团队的努力下，实验室取得长足发展，陆续建设起国内最高的伪动力实验反力墙、土工离心机振动台、低频震动计量装置等国内领先的装备设施，一批诸如北京“中国樽”异性分叉柱试验、亚洲最大山区悬索桥云南龙江特大桥梁混合试验等顶尖的抗震科学实验在这里进行。由他领衔开发的新型砌体结构加固方法，在这里转化为技术成果，被运用到北京城区的 20 多栋老旧建筑物，在不改变建筑结构的前提下，有效将原来不具备抗震性能的房屋提高到抗震八度。

此外，他联合国外同行，在美国、日本和中国之间进行钢结构倒塌全过程试验，在国内创造性地提出新的数值算法，为解决静态边界预测问题提供了重要依据。

如今，恢先地震工程综合实验室已成为国内领先的抗震减灾工程实验室，吸引了国内外高校、科研机构竞相前来考察、合作开展实验。

痴 心 乐 道

心有所求，苦不觉得苦，累不觉得累。

近年来，王涛主持和参加了 10 余个国家级和省部级项目，获得过 8 项国家专利，在开拓城市功能可恢复性、地震灾害模拟与预测等领域，走出了一条大道。

为了掌握地震灾害的规律和特点，近年来，每逢有大的地震，王涛总是在第一时间奔赴灾区。玉树地震发生后，他随地震救援小分队赶赴玉树。在震区，他冒着余震测数据、查结构，在废墟中钻来爬去。到玉树的当晚，下起暴雪，无处扎帐篷，他和同伴摸黑找到一处无人的民房休憩，天当被，地当铺，寒风中一熬就是一整夜。第二天天亮时，他们才发现留宿的那座房屋的墙体震出了几处断裂，随时可能坍塌。在震区的 10 天间，他带着团队行程近 2000 千米，走遍 40 余个乡镇开展震害调查，评定了 1000 多栋房屋的安全状况。

与震区调查同样辛苦的是试验。

在记者采访王涛的当天，是他连着待在实验室的第 6 天。与他合作多年的实验室主管滕睿告诉记者：“社会上流传的上班‘996’对他根本不算事，‘7 乘 24’对他是经常的事。”为了“大型复杂结构在线混合试验关键技术与应用”项目取得成功，他和他的团队以工匠精神坚持了 11 年，如今仍在坚持做下去。

防震工程试验需要不断加载，往往耗时长，短则数小时，长则数天。为了精确把握试验中的每一个数据，王涛坚持和实验“同频共振”，吃住在实验室。

在王涛的工作室内，长年放着一张折叠床，滕睿说：“数不清有多少个晚上，王老师就是在这儿度过的。”

为了完成和美国同行同步进行的跨国试验，王涛常常通宵值守，随时接通电话进行交流，有时实在熬不住了，坐在椅子上、趴在桌子上就睡着了。

有一次，王涛在出差多日后，疲惫地回到家中。一进门，大女儿就跑过来，不到 1 岁的小女儿也着急想让他抱抱。他把两个孩子都抱起来，或许是太疲惫了，一不小心，小女儿从怀中滑落，“咣当”一声摔在地板上……虽然事后经过诊疗没有大碍，但王涛好久都非常愧疚。这些年，他陪伴家人的时间实在是太少了！他永远在忙碌着，指导学生、写文章、搞研究、做实验、开会、出差、学术交流……家里的事情几乎无法指望他。

对自己付出的种种努力怎么看？王涛这样回答：“这些对我而言没觉得有多么辛苦，在科研中取得的每一次进步，都让我兴奋、痴迷，带给我快乐，一直激励着我把有限的时间更多地投入到无限的科研中去。”

（来源：地震系统“不忘初心　牢记使命”主题教育先进事迹报告会之中国地震局工程力学研究所陈洪富的报告材料）

难忘的龙陵地震后的一次地磁观测

刘庆芳

1976年5月29日20时到22时多，在云南龙陵县西部先后发生7.3级和7.4级两次地震，这两次地震引起了地球物理研究所（原为中国科学院地球物理研究所，现在是中国地震局地球物理研究所）第五研究室领导和地磁场研究小组的重视，为了捕捉震区在地震前后地磁场的变化信息，立即决定派人前往地震现场进行地磁观测。我那时到地球所还不到一年，也是地磁研究小组的新成员，于是有幸参加了这次的地磁观测。

云南龙陵地震现场

记得那是5月30日（地震的第二天）早上天还不亮，我被同事从梦中叫醒，得知是要和另两位同事一起去云南龙陵地震现场做地磁场的复测，我很高兴，能有机会去地震现场工作很感幸运！我还没有亲身感受过地震呢，也没有见过地震现场是什么状态，我带着既兴奋又好奇的心态就和两位同事出发了。

我们地磁小组共三个人，两位年长我十多岁的男同志，他们是黄屏章和王世远两位老师，黄屏章担任组长，王世远也是工作多年的老同志，他们已经准备好了地磁观测仪器。我是个新手，但我是党员，我会努力工作，服从他们工作上的安排，共同努力，力争胜利完成这次观测任务。我们三人和研究所里其他研究室的同志一起由专车送到南苑机场，又和国家地震局（中国地震局的前身）的京属其他研究单位派出的地震现场考察和观测的小分队一起乘专机飞往云南昆明机场，然后又换乘去保山的小飞机，再由云南省地震大队（云南省地震局前身）派出的汽车送我们到龙陵地震现场。这一路的颠簸，把我的兴奋劲颠簸得所剩无几了。我是第一次出这么远的差，开始乘三叉戟时还可以，到保山乘小飞机时，飞机在云里钻来钻去，颠簸得很，好些同事都呕吐了，我也差点吐了，我强忍着晕机的折磨，终于到了龙陵县城。

龙陵县城区不是地震中心，但是地震破坏也很严重，虽然我们不是做宏观考察的，但也看到有些房屋几乎全部倒毁，有的房屋倾斜或倾倒，也有墙壁裂开或屋顶部分塌落的现象。我感到很震惊！原来地震是这么厉害可怕！由于两个主震刚发生不到一天，余震还在不断地发生，我们刚到不久就赶上一个 3 级多的余震发生，当时我们正坐在一个露天饭店吃午饭，就感到有人从后面掀我坐的板凳，接着就前后来回地晃了几秒钟，我非常紧张，我是第一次在地震现场亲身感受到地震，虽然震级不大，但是也让初感地震的我精神紧张、恐慌不安。然而，我的两位同事他们就很镇定自如，他们安慰我：不要紧张，这是余震，震级不大，以后还会不断发生的。听到两位老师的安慰后，我心里平静了许多，他们都曾多次去地震现场工作过（邢台和海城地震），经验丰富，我心里踏实了。

吃过午饭后，稍稍做些准备（检测地磁观测仪器，寻找以前的固定地磁观测标志）后，我们就沿着以前全国地磁普测时的观测线路逐个测点观测。云南省地震大队派出的专车把我们送到每个观测点（那时，全国地震战线一盘棋，各部门互相配合，团结协作，虽说是兄弟单位，但都是初次见面，却也像兄弟般地相互关心照顾，至今回想起来还是很感动的）。我们这次要测量的测线是穿越龙陵地震震区近似东北—西南的一条测线，北端在施甸县内，南端到瑞丽市区，正好是沿着地震断裂带的附近。黄屏章老师是我们这次观测小组的组长，负责这次观测的总指挥，在他的带领下我们安放好观测仪器和探头，开始观测。这是我到地球所后第一次参加这样的地磁观测，一切服从组长的安排，黄老师安排我负责记录数据（那时的观测是非智能的，需要人工读数，手工记录）。当时的地磁观测仪器是测量地磁三要素（F、D、I）的老式仪器（仪器型号不详），安装使用都比较复杂，要人工调整探头的水平位置。王世远老师对于磁偏角的测量很有经验，每个测点都是先由他调整好测量仪器的探头水平位置。探头是放在受保护的观测墩上，每个观测墩都有编号，还要清理观测墩附近的杂物和影响磁场强度的金属物品等；有的测墩是在农田里，碰上水田就更艰难，要光脚站在水里调整探头的水平。每次观测由黄老师读取地磁仪器上的地磁场数据，我把每个数据记录下来，每个测点要连续测多组数据，最后分析数据时求平均值。就这样，我们一个测点一个测点地不停地测下去，一天下来非常劳累，还要忍受蚊虫的叮咬。我们晚上住附近的县招待所或小旅馆，那时的招待所或旅馆的卫生条件很差，被褥不知多久没有更换了，也许是震灾引起的。尽管条件差，但是，当躺在床上时还是感到很舒服的，长长地舒口气，可放松一会。当时我想：如果通过我们的艰辛劳动能捕捉到地震引起的地磁异常信号，找到“震磁效应”的规律，再累也值得，想到这些，也就又不觉得累了。

当我们观测到大约第四天时，可能因我不适应这里的水土和饮食（山东人吃不惯米饭和腊肉），加上连日劳累，我病了。浑身难受，又像感冒又像发疟疾，一会热得发烫，一会冷得发抖，整个身体缩成一团。此时，黄屏章和王世远两位老师请来医生给我看病拿药、买来水果，还从饭馆买了可口的饭菜，可那时我什么也不想吃，只想休息。那两天我就在招待所里睡觉，两位老师继续观测。当时我非常感动，但内心也很愧疚。感动的是：两位老师如同大哥哥一样照顾关心我；愧疚的是：自己不能继续工作还给小组添麻烦。经过两天的吃药治疗和休息，我终于恢复了健康，又继续后面测点的观测，直到测完瑞丽县城的最后一个测点后，我们才由云南省地震大队的司机师傅送到昆明，然后再乘火车回北京。

这一次云南龙陵地磁场的观测，历时十几天，对选定的震区老地磁普查点做了复查性的观测，观测数据由地磁研究组的同事分析处理，并与1972年前完成的全国地磁普测数据做比对，期望发现异常，看到“震磁效应”，然而结果并不理想。

此次龙陵震区地磁场复测的最初愿望是想找出或发现：强烈地震发生前后地磁场三要素的改变造成局部地磁场的异常，从而找到“震磁效应”的规律，可以用来做“震前预报”。这个愿望是有理论根据的，初衷是好的。随着地震与地磁关系研究的深入，地震的孕育、发生过程能够引起地磁场的异常变化已经成为不争的事实。然而，震磁变化过程相当复杂而且规律的重复性不强；地震孕育过程的“时间尺度”和相应各种前兆（包括地磁）的“时间尺度”目前还不能完全确定，同时地磁场的变化受多种因素影响（地球内部的、外部的、长期的、短期的影响），因此，这就给探索地震前兆和震磁关系带来巨大困难，仅从这次震区局部地磁场观测，很难得到预期的结果。

不过，参加这次龙陵震区地磁观测，对我来说是一次难得的理论结合实际的野外观测实践，使我从中得到了锻炼，学习了地磁观测仪器的使用操作方法，加强了对有关的地球物理学知识及地磁学的理解，为以后的工作打下了基础。龙陵地震后的这次地磁观测是我终生难忘的！参加这次龙陵震区地磁观测，使我亲身感受到：老同志们那种对工作认真负责、一丝不苟、不怕困难、努力奉献的精神，值得年轻一代好好学习，学习他们永远不忘初心和使命，为地震事业无私奉献的精神；学习他们团结友爱、互帮互助的精神，在工作中充分调动集体中每个成员的积极性，为贯彻落实习近平总书记关于防灾减灾救灾新理念新思想新战略，坚持深化改革，推进科技创新体系建设，推进科技创新引领新时代防震减灾事业的现代化建设而继续奋斗。

（来源：纪念中国地震学会成立40周年“地震者说”主题征文。作者简介：刘庆芳，1949年生，1975年山东大学毕业，分配到中科院地球物理研究所第五研究室地磁研究组工作。先后在中国地震局地球物理研究所（原国家地震局地球物理研究所）第五研究室、第四研究室、电磁CT理论在地球物理上的应用研究课题组和第一研究室工作，高级工程师，2004年退休。）

坚守，做好珠峰下的地震守夜人

欧文东

“天上无飞鸟，风吹石头跑，百里无人区，整天穿棉袄。”平均海拔4000米以上，空气含氧量只有内地一半，这是西藏恶劣环境的真实写照，而我已在这坚守了14年。

初到日喀则，强烈的高原反应和艰苦的工作环境令我身心疲惫，整个台站办公家具没一套完整的，做饭要用高压锅，水里漂着杂质，数据是模拟记录……我的内心翻江倒海，徘徊不定，迷茫、失落甚至连咽下的唾液都发苦。普布台长看在眼里急在心头，带领我从最基本的事情干起，慢慢地我开始进入状态，没有家具我们就自力更生艰苦奋斗，对破烂的家具进行修复、翻新，终于让台站有了可用的办公家具。

家具有了着落，可办公设备依然令人头疼，为解决这个问题我向上级部门申请了一台电脑，当时局里也不宽裕，可还是尽最大努力支持我们，不久为我们带来了一台电脑，我顾不上休息就钻进办公室倒腾起来，不懂的地方就查资料或者向局里同事请教，当我给台站同事们演示记录地震波功能时，普布台长一脸惊喜，他说：“小欧，你可让我们台迈了一大步啊。”就这样，台站从模拟观测迈向了数字观测。

欧文东为“一带一路”GNSS项目进行勘选测试（西藏自治区地震局提供）

两年后，因为工作需要，我被调往拉萨，台站只剩下普布台长等两个老前辈。可没多久，一个春节前夕，在别人想着如何置办年货、与家人团聚的时候，我主动向局里递交了重回日喀则的申请书。当时，人教处长特别震惊，好心提醒："小欧，你考虑清楚，大家可都想着往拉萨走，没你这样想回台站的，要不你再考虑考虑。"我说："我早就决定好了。"

说起回台站，那是有一次普布老台长到单位开会，碰见我，他叹了口气说："小欧啊，自从台站数字化改造后，数据一直不能实现连续记录，我们这帮老人对这高科技玩不转啊！现在震情形势严峻，有空了，回来帮我们弄弄。"老台长的话对我触动很大，说实在的，自从我走后，台站的两个老同事对电脑不精，工作压力着实不小，我想我应该回去，也有责任把日喀则台建得更好，因为它早已是我的第二个家。日喀则台人员少，压力大，2008 年 38 岁的朗嘎、2016 年 46 岁的扎西先后倒在工作岗位上，怀着对他们的敬仰、对工作的热爱，我下定决心，俯下身，扎下根，一定把日喀则台建设好、运行好、维护好。

对地震人来说跑野外实属正常，可在西藏，很多时候却是以命相搏。

2009 年，我和几位同事组成台阵勘选组前往阿里，一路风大雪急，荒无人烟，没有参照物，司机吸着氧气坚持开车，同事们头脑发胀、嘴皮发青，难受了就在搓板路上躺一会缓一缓。途中，车身突然一抖，陷入河沟，发动机声嘶力竭，车轮在地上擦出青烟，阿里的凌晨气温低至零下 20 多度，我们脱去外套跪在地上疯狂刨土，用工兵铲在冻土上使劲地敲，硬是在车轱辘下刨出一条道来，大家用身子顶着车，向前推，短短几秒大家已浑身泥浆、衣服瞬间结冰，整整奋战了一个小时，车子才终于蹦出了河沟。上了车，大家已顾不上说话，便沉沉睡去，实在太累太累。

2018 年冬，我到海拔 4700 米的班戈县进行基准站勘选征地工作，同事到县里跑手续，我在荒野上等村民前来议事，手机没信号，唯一能做的就是等待，这一等就是三个小时。

荒野上只有风沙、太阳，因为缺氧，我靠着石头休息，突然，百米外冒出一只野狼，舔着獠牙虎视眈眈，我噌地站起来，随手抓起几块石头与狼对视，老远看去，狼身上的毛竖立着，身子摆出腾跃姿态，随时都可能扑过来，我边吼边向野狼方向扔石头，足足与狼对峙了两个多小时，直到村民前来，狼才悻悻而去，我身上的军大衣早已被汗浸湿，那次真是以命相搏，直到现在，有时候做梦还会梦到与狼搏斗的场面。

西藏的野外，会遭遇很多突发状况，但同时也能让我们收获很多，特别是那种完成任务的喜悦。

党的十八大以来，全国上下脱贫攻坚如火如荼，一茬又一茬的党员干部积极投身到全面建成小康社会的历史使命中去。2013 年 12 月，我响应党和国家号召，带领驻村工作队，来到海拔 4800 米的那曲尼玛县甲谷乡，开展驻村工作。

我所在的村依然是集体经济模式，以肉食为主，维生素补充极为困难，群众普遍血脂高、关节肿大、身体瘦弱。我下决心再苦再难，也要让乡亲们吃上蔬菜，西藏有充足的阳光资源，温室大棚应该能解决高原的吃菜难题，于是我带队向300千米外的解放军某部请教温室栽培方法，几经奔波从西藏农科院搞到各种蔬菜种子，驻村队拿出一部分办实事经费，驱车700千米买来建材，群众对建大棚热情很高，大家起早贪黑地干，老老少少都参与其中，为了大棚，我被太阳晒得黑黝黝的，手掌结起了厚厚的老茧，整个人瘦了十来斤，可当蔬菜幼苗从土里冒出来时，当老乡握着我的手时，我觉得那些天再苦再累都值了。

曲米村距尼玛县200千米、距那曲地区698千米，严重制约了群众对日用品的需求。为改变这一状况，驻村队利用经费，帮村里建起便民商店，用唯一的旧卡车到那曲进货，全程来回1400多千米，大部分是搓板路，饿了就吃糌粑，渴了就喝冰水，困了就靠着座椅打盹，在路上颠簸了整整一个星期，为乡亲们载回了丰富的生活用品，回村那天乡亲们将我们围在中间，唱歌祝福敬酒，有句话是这样说的：你把乡亲们装在心里，他们就会把你当亲人。作为一名共产党员，全心全意为人民服务是我们永远践行的宗旨，如果可以，我愿意一直和乡亲们在一起。

这些年，最大的遗憾就是亏欠亲人太多。2013年底，就在我出发去驻村点的途中，爱人的一个电话传来噩耗："妈妈走了。"我一时没反应过来："你说啥？"她哭喊着："妈妈去世了！"母亲的突然离世让我悲痛欲绝，为了照顾女儿，母亲来到日喀则，没想到高原气候一下子击倒了她，再也没有醒来。我连着四天四夜没合眼，回内地匆匆处理好后事，由于驻村维稳工作重，我带着对母亲的愧疚，强忍悲痛，很快返回驻村点继续开展工作。

这些年和女儿也是聚少离多，每次回到家中，身体瘦弱的女儿都会问：爸爸，你为什么总是这么忙，连多陪陪我的时间都没有吗？每次想起女儿的话，我都鼻子泛酸，愧疚不已，我知道我不是个好父亲。

十四个年头，我没有后悔来到西藏，没有后悔从事地震事业。这样默默坚守的不仅仅有我，还有更多扎根在青藏高原上的同人们，有更多奋战在防震减灾一线的同志们，不忘初心，牢记使命，尽一个地震工作者的本心，践行全心全意为人民服务的初心，让十四亿中国人民的生活更加安心！

（来源：地震系统"不忘初心　牢记使命"主题教育先进事迹报告会之西藏自治区地震局日喀则地震台欧文东的报告材料，张鹏记录整理）

我们都是追梦人

胡秀娟

2018 年电视剧《最美的青春》火遍大江南北，片中再现了 20 世纪 60 年代初一群朝气蓬勃、有理想的青年大学生听从党的号召，扎根荒漠，用自己的青春热血，在“黄沙遮天日，飞鸟无栖树”的荒漠上艰苦奋斗，甘于奉献，创造了荒原变林海的人间奇迹。最打动人心的一句台词是：

“我就不明白，中国那么大，你们为什么非要在这做徒劳无功的事情呢？”

“因为我们爱这片土地！”

眼睛盯着电视屏幕，而我脑海里呈现的则是挥之不去的红山台的那些往事。

2002 年注定是不平常的一年。就在这一年，全党和全国人民热切盼望的十六大胜利召开，明确提出了全面建设小康社会的伟大目标。就在这一年，1600 万浦江儿女第一次把世界博览会

红山基准地震台

带回了上海。也还是在这一年，SARS 在广东顺德被发现，2003 年中期消失。

但这其实也是很平常的一年，塞外的寒风，南国的暖阳，伴随着防灾技术高等专科学校的毕业季，我也被分配到河北省地震局红山基准台工作。历史并不常常在某个特定的时刻让一切发生改变，只是在我们的心里，习惯找一个开始。

一开始，就有梦想。

台站位于隆尧县山口镇西北 9 千米的几间平房里，远离村庄，四周都是玉米地。从邢台出发，沿着弯弯曲曲的土路，需要大约一个多小时的车程。说实话，当时的条件仅仅具有最低限度的生活条件。

台站没有生活用水，每隔两天，附近村子的一台拖拉机拉着一个大罐子，里面装着水，我们就用大大小小的水桶去接，放在宿舍里，用来洗漱。不能洗澡，为了省水，连头都是好几天才洗一次。每次害怕去厕所，因为墙上爬满了胖胖肥肥的壁虎，宿舍的墙上偶尔也会有，需要自己做饭，食堂的水桶里经常发现淹死的大老鼠。

但就是在这样艰苦的环境下，台站同志们仍能夜以继日地开展监测工作。我一直也不明白是什么力量让我坚持了下来，直到有一天我读到了马尔克斯的那句话："生命中曾拥有的所有灿烂，终究都是用寂寞来偿还的。"后来经过台站优化改造，住上了小楼，也打了井，解决了用水问题，工作条件得到了很大的改善。

在外人眼里，地震监测工作似乎是件轻松活儿，风吹不着，雨淋不着，有什么可值得渲染的？的确，地震监测岗位上的同志，靠的不是大把的力气和风雨里的奔波，而是用心去接近它、掌握它、战胜它，并最终完成它。当"急、难"任务摆在面前时，当工作和家庭发生矛盾和冲突时，一个没奉献精神的人，是难以胜任这项工作的。

刚参加工作我被分配到地磁组，当时还是模拟记录，每天早上去记录室换相纸，接着洗相纸，定相纸，最后用量板量数据，记录数据。而做好这一切凭的是经验和手法。印象最深刻的是每天上午 9 点、下午 2 点、下午 5 点和晚上 9 点四次到记录室查看相纸的运行情况，蛇和蝎子是记录室里的常客，其实洗相室里也有。对于一个刚参加工作的女孩子来讲，晚上 9 点去漆黑的观测室简直就是梦魇一样的存在。现在这两个地方早已不再承担监测任务，而在我内心留下的阴影却永远挥之不去。

地震监测工作烦琐而枯燥，地震台站的生活艰苦而孤单。无论刮风还是下雨，无论周末还是节假日，每天晚上 9 点的定点核旋观测和每周两次的绝对数据观测必须去做，一年 365 天从不间断。绝对观测室位于野外，房屋墙壁又薄，室内温度环境是冬冷夏热。然而每次观测最少要用 1 个小时，为保证数据质量，我们要进行严格的无磁观测，在冬季最寒冷的时候，因屋内气温太低，连计时用的秒表都必须握在手里才能正常工作的环境下，我们也只能穿专用的军大衣工作，为了避免磁性干扰也不能随意增添保暖设施。有时候手指长时间露在外面已经僵硬了，双手搓一搓，我们还要坚持观测；夏季的观测室中，我们要同各种蚊虫共处。为保证观测精度，观测员需要长时间静立观测，只能忍受蚊虫肆虐叮咬。夏季观测室的温度比户外还高，一次观测下来早已汗流浃背。尤其是每年 7、8 月间进行的日变化标定，一天中从早 8 点到下午 5 点连续观测，每小时观测一次，一次历时半小时。全天不是在观测就是在去观测的路上。虽然后面经历了数字化，但是每周两次的绝对观测依然在继续。

做好一件事并不难，难的是经年累月始终把一件工作做深、做细、做透。对于基层台站的人员来说，工作也并不难，难的是日复一日、年复一年做着单调重复的工作。而这种坚守也必将带来回报，正如古罗马诗人奥维德所说：忍耐和坚持虽是痛苦的事情，但却能渐渐地为你带来好处。

自建台以来，红山台经历了多次变革。从最初的人工观测、模拟观测，到后来“九五”数字化、“十五”数字化，以及现在的网络化。虽然现代化的工具大大地提高了工作效率，但是对于我们来说，压力和责任反而更重了。而这责任和压力源于荣誉墙上满满的奖状。

走进红山台办公楼，首先进入眼帘的就是满墙的奖状。2003—2018 年这 15 年共取得全国第一名 17 项，全国前三名 50 项。其中地磁基准观测 2009—2018 年度连续 10 年获得全国第一名，大震速报 2008—2012 年度连续五年获得全国第一名。对于省局评比，这里我只说第一名，这 15 年间共取得全省第一名 55 项。获得河北省地震局防震减灾优秀成果奖 18 次。多次被河北省地震局评为先进单位，2003 年被中国地震局授予全国地震台站先进集体的荣誉称号。

记得一位来红山台参观考察的同行问这满墙的奖状是如何得来的，其实根本无须问这是怎么做到的，每一张奖状背后，都隐藏着坚守和执着，都是红山地震人用青春换来的。

成绩只代表着过去，未来还需要继续努力。作为一个地震人，尤其是在基层台站坚守一生的地震人，无人为其欢呼，无人为其鼓掌。也许他们不够优秀，也许你并不认可他们，但他们的坚守与情怀值得你足够的尊重。是他们用青春记录生命的足迹，用汗水书写对防震减灾事业的忠诚，用行动诠释地震行业精神。

电视剧《最美的青春》中那群年轻人用行动诠释了梦想的力量，地震人又何尝不是如此，不忘来时路，方知向何生。只因有一种初心叫坚守，有一种坚守叫追梦。初心不泯，追梦不止。正如习近平总书记在 2019 年元旦发表的新年贺词中所说：

“我们都在努力奔跑，我们都是追梦人。”

（来源：纪念中国地震学会成立 40 周年“地震者说”主题征文）

探索地震预报的征程

詹志佳

一、野外足迹与震磁研究

1975 年 2 月 4 日辽宁海城 $M7.3$ 地震后，我参加了地球所地磁研究室（五室）一组工作。该组从事北京地磁测量、研究震磁前兆与地震预报。野外磁测比较辛苦，夏天炎热、冬天寒冷、有时刮风下雨，但我们都不怕苦、不怕累，完成了北京磁测，获得了准确可靠的资料。

1976 年 7 月 28 日发生了河北唐山 7.8 级大地震。为监测余震活动，我们在唐山附近开展了磁测。我们目睹了唐山市区遭受的巨大破坏与惨重损失，所有楼房倒塌，一片废墟，惨不忍睹。面对这一惨景，我们决心为地震预报事业更加努力工作。

为研究唐山 7.8 级地震，我们收集了 1973—1979 年北京、昌黎等 25 个地磁台的资料。深入分析这些地磁资料，发现包括唐山震区在内的渤海地区存在地磁短周期变化异常：北部该异常最强，垂直分量的变化 ΔZ 为正；南部该异常最明显，ΔZ 为负；周期为 5min ~ 2h 的异常变化最为明显。根据三维电磁感应的数值理论，拟合了与这种短周期地磁异常变化相应的上地幔高导层电性结构，发现渤海地区存在上地幔高导层局部隆起，唐山地震位于该隆起部位的北侧边缘。与隆起构造相应的附加热应力量级高达千巴，很可能是唐山地震的重要动力来源。这一创新的科研成果，揭示了唐山 7.8 级地震的地下电性异常结构与重要动力来源。我们参加了 1979 年 11 月在大连召开的中国地震学会成立大会暨第一次学术大会，曾融生院士主持，侯作中报告了《三维电磁感应数值模拟的计算结果与地震的感应磁效应》，我报告了《渤海地区地磁短周期变化异常、上地幔高导层的分布及其与唐山地震的关系》，博得同行的好评。这一创新成果“三维电磁感应数值理论及其在渤海地区地磁短周期异常研究中的应用”（祁贵仲、范国华、詹志佳、侯作中、王志刚、白彤霞）荣获 1983 年国家地震局科技进步二等奖。

为研究震磁机理，我们开展了野外构造磁试验。1983—2002 年，不论在北京的八宝山、夏垫—大厂、紫荆关等活动断裂与密云水库，还是在新疆地下核爆炸与云南滇西试验场，都留下了我们的足迹。试验结果表明，这些构造磁效应是震磁效应的良好模拟，深化了对震磁机理的认识。

二、震磁前兆与地震预报

1983—1984年国家地震局地磁学科的清理工作，丁鉴海与我负责“震磁研究与地震预报”的清理分析研究，由各单位相关同志分别承担37个课题。大家努力工作、团结合作，得到了优秀的科研成果。

1976年唐山7.8级地震的综合研究结果表明，唐山7.8级地震存在地磁长趋势变化、短期变化与短周期变化等三类震磁信息，其空间展布为100 ~ 150千米，震磁信号强度10nT。唐山7.8级地震之前，地磁垂直分量日变化极小值出现了少有的异常；唐山附近的台站地磁垂直分量的日变幅度和相位出现了异常现象等。

1986年10月，我参加了中国地震工作二十年学术交流与表彰大会，我作了《震磁前兆与地震预测研究》的报告。1986年10月22日在中南海紫光阁，李鹏副总理接见了我们，他作了重要指示，并与我们合影留念。

1987年我加入了中国共产党。从此，我更加努力工作，深入研究震磁前兆与地震预报。

1998年1月10日在河北省张北—尚义发生6.2级地震，北京亦有明显震感。有“专家”预报，1998年1月29日（±15天）在北京百花山将发生7.3级地震，引起了社会风波与不安。为此，在中国地震局的部署与安排下，1998年1—2月份，我们立即开展了由5个台站组成的地磁临时台网（比较靠近北京百花山）与北京磁测网相结合的地磁加密观测，以强化北京地区的地震监测预报工作。在此期间，恰逢传统的春节（1998年1月27日春节）前后，尽管如此，我们放弃了与家人团圆的机会，实施地磁加密观测，担起为北京地震监测预报站岗放哨的责任。当时是腊月隆冬、天寒地冻，我们克服了种种困难，圆满完成了野外地磁观测。应用多种方法，及时地分析研究了北京磁测与临时台网的地磁资料，结果表明，在此期间北京地区地磁变化正常，没有异常信息显示。依据分析研究结果与地磁预报地震技术方案，每三天向中国地震局预测处与地球所地震预报推进组上报地震监测预报意见。鉴于没有地磁异常信息，故预报北京地区不会发生$M \geqslant 5.0$地震。实际情况与我们的预报意见相符，为北京的社会稳定与市民欢度春节（1998年1月27日）提供了有用的安全信息和震情保障，获得了中国地震局的表彰与奖励。

分析研究北京磁测准确可靠的资料，我们获得了1976年7月唐山7.8级地震、1982年12月马道峪4.9级地震、1993年11月宝坻4.5级地震、1995年7月怀来4.3级地震、1996年12月顺义4.0级地震等的震磁前兆。同时，根据地磁变化异常信息，对1993年11月宝坻4.5级地震、1995年7月怀来4.3级地震等做出了较好的预报，收到了一定的实际效果。在诸如1990年亚运会、1997年香港回归、党的十五大与1998年春节前后等重大事件的加强地震监测期间，北京地区地磁预报地震起到了积极作用，为重大活动提供了安全信息，博得中国地震局的多次表彰与奖励。我们的科研成果获各种科技奖 20 多项，其中中国地震局二等奖 4 项、三等奖 1 项；在国内外学术刊物发表论文 100 余篇。

自 2002 年起，中国地震局地球物理研究所与相关省地震局承担了《中国地磁图》的编制，开展了全国三分量磁测，获得了大量准确可靠数据。2010 年以来，由中国地震局地球物理研究所与 12 个省地震局组成了流动地磁技术团队，将地磁场矢量监测和模型计算技术引入地震监测预报工作，以大华北地区、南北地震带和南北天山为监测区域、以年尺度岩石圈磁场局部异常为分析研究对象的地震地磁监测模式，根据所获得的局部岩石圈磁异常，参与了相关区域的地震监测预测工作。

为适应地震预报的需求，该团队研制了“流动地磁测量基本技术要求”与“流动地磁专科会商工作规程”；前者规范了三分量磁测数据的日变通化与长期变化改正及岩石圈磁场的分析处理；后者是由得到的局部岩石圈磁异常来分析与研判地震监测预报的意见，提出地震预测报告；在中国地震局召开的全国性与区域性的地震监测预报会商会上报告该团队的区域地震预测意见。

2013 年 4 月 20 日四川芦山 7.0 级地震之前，得到了局部岩石圈磁场水平矢量呈现异常，其异常空间范围为 125 千米；根据该磁异常，在芦山 7.0 级地震之前，作出并报告了地震预测意见；该地震的震中与预测的区域比较一致；震后该局部岩石圈磁异常消失。

2016—2018 年间，在呼图壁储气库周围进行了野外试验，结果表明，局部区域岩石圈磁异常与地下应力变化的关系符合压磁理论，为局部岩石圈磁异常预报地震提供了物理依据。

表 1 为 2012—2016 年南北地震带根据岩石圈磁异常作出的 $M \geq 5.0$ 地震中期（≤ 1 年）预测结果。表 1 可见，2012—2016 年期间共预测了 24 个发震区，而实际有 7 个 $M \geq 5.0$ 地震分别发生在预测的发震区中；预测的发震区与实际地震震中的对应率为 29%。

表 1　2012—2016 年南北地震带的地震（$M \geq 5.0$）中期（≤ 1 年）预测结果

作出预测的时间	预测时窗	预测发震区域的个数	在预测区域中实际发生的地震
2012.06	2012.06—2013.06	5	2013.03.03，云南洱源 M5.5 地震
			2013.04.20，四川芦山 M7.0 地震
2013.06	2013.06—2014.06	5	2014.08.03，云南鲁甸 M6.5 地震
2014.06	2014.06—2015.06	6	2014.08.27，云南永善 M5.0 地震
			2014.10.22，四川康定 M6.3 地震
2015.06	2015.06—2016.06	8	2015.10.30，云南昌宁 M5.1 地震
			2016.01.21，青海门源 M6.4 地震

在大华北地区、南北地震带和南北天山监测区中，2012—2016年一共预测了72个发震的区域；实际上，2013—2017年期间有13个$M\geqslant 6.0$地震分别发生在预测的发震区中（表2）。可见，预测的发震区域与实际$M\geqslant 6.0$地震震中的对应率为18%。

表2　2013—2017年期间的地震（$M\geqslant 6.0$）中期（≤1年）预测结果

作出预测的时间	预测时窗	预测发震区域的个数	在预测区域中实际发生的地震
2012—2016年期间	2012—2017	72	2013.04.20，四川芦山*M*7.0地震
每年10月			2013.07.22，甘肃岷县*M*6.6地震
			2013.08.31，云南香格里拉*M*5.9地震
			2014.05.30，云南盈江*M*6.1地震
			2014.08.03，云南鲁甸*M*6.5地震
			2014.10.22，四川康定*M*6.3地震
			2014.08.03，云南鲁甸*M*6.5地震
			2015.07.03，新疆皮山*M*6.5地震
			2016.01.21，青海门源*M*6.4地震
			2016.11.25，新疆阿克陶*M*6.7地震
			2016.12.08，新疆呼图壁*M*6.2地震
			2017.08.08，四川九寨沟*M*7.0地震
			2017.08.09，新疆精河*M*6.6地震

上述2013—2017年地震预报显示，区域岩石圈磁异常含有一定的震磁前兆信息，对区域地震的发震地区预报展示了它的效能。然而，目前地震预报仍是艰巨的科学难题，还有很长的路要走。因此，今后应当加强岩石圈磁异常与震磁前兆信息的观测与研究，探索地磁预报地震的新技术、新方法；不断推进地震预报的探索研究。

三、中美地磁合作与震磁学术交流

中、美地磁合作为中美地震科技合作协定的项目。该项目为：应用美方提供的高精度仪器，在京津地区与云南滇西地区开展震磁前兆的合作观测与研究，探讨地震预测问题。祁贵仲负责京津地区，陈忠义负责云南滇西地区。美方的负责人是美国地质调查局（USGS）M.Johnston博士，国际著名的地震电磁学专家，具有很高的学术水平。

1980年9—10月与1982年9—10月，美方M.Johnston博士等先后携带五套记录式磁力仪和一套 HP-3808 型激光测距仪来华开展了合作观测。在野外观测中，M.Johnston 博士等与我们都不怕苦、不怕累，仔细认真、一丝不苟，我们合作得很好，获得了中美合作观测的准确可靠数据。祁贵仲与 M.Johnston 博士商议了今后中美地磁合作计划。M.Johnston 博士邀请祁贵仲与我 1983 年访美。

1983 年 3 月，祁贵仲去美国工作了。地球所安排我负责中美地磁合作项目。1983 年 5—6 月林云芳与我、1988 年 9—10 月与 1994 年 11—12 月姚富鑫与我赴美执行中美地磁合作，在 USGS 与 M.Johnston 博士等合作分析与研究中美地磁数据，参与 USGS 地磁测网的观测工作，还参观了斯坦福大学地磁实验室与博尔德地磁台等。

M.Johnston 博士多次来华合作。1998 年 11 月，地球所所长陈运泰院士会见并宴请了 M.Johnston 博士；陈院士肯定了中美地磁合作的进展与成果，希望今后加强合作。M.Johnston 博士同意今后加强合作，陈院士亲自主持了学术报告会，M.Johnston 博士作了《地震与火山的电磁效应》的精彩报告。

1999 年 12 月，我赴 USGS 合作。我与 M.Johnston 博士等分析研究了京津地区的地磁资料，深入研讨了我们的合作论文《北京地区构造磁学的观测与研究》，并在 12 月 13—17 日旧金山召开的 1999 年美国地球物理联合会（AGU）的秋季大会上展示了该论文，博得了国际同行的赞许与好评。

为加强国际学术交流，1990—1995 年间，我先后邀请了苏联 Shapiro 教授、日本东京大学地震研究所 Sasai 博士、日本京都大学地震防灾研究所 Sumitomo 教授、法国 Zlotnicki 博士、越南阮氏金钗教授等访问地球所，我们开展了深入学术交流讨论。

1992—1999 年，我应邀访问了东京大学地震研究所、参加了在东京召开的国际地震电磁学学术讨论会、访问了京都大学地震防灾研究所与地磁资料世界中心 C2，并与 Sasai 博士、Sumitomo 教授、Hawakara 教授等交流讨论了震磁前兆与地震预报问题。

2001 年 8 月我参加了在越南河内召开的国际地磁与高空物理协会（IAGA）与国际地震和地球内部物理协会（IASPEI）联合科学大会。我还应邀参加了 Zlotnicki 博士与 Sasai 博士召集的专门会议，商讨关于成立"国际地震与火山电磁研究工作组（EMSEV）"；与会的国际同行都很赞同，并推举日本 Uyeda 教授为 EMSEV 的主席。2001 年底正式成立了 EMSEV，主席是日本 Uyeda 教授；2007 年至今，主席是法国 Zlotnicki 博士，副主席是美国 M.Johnston 博士。自 2001 年起，EMSEV 一直致力于地震与火山电磁研究的国际学术交流与合作，有力推进了地震与火山的电磁研究。

2004 年我退休后，顾左文研究员返聘我。我参加了 2004 年 11 月在日本召开的 IAGA 学术讨论会，展示了"地磁测量与 2005.0 中国地磁图"的研究成果；2005 年 3 月高金田与我参加了在日本东京召开的"国际地震电磁学学术讨论会"（IWSEM），高金田等《应用地磁方法在新疆地区的地震监测》与顾左文等《北京及邻区的震磁研究》参加了学术交流与讨论。这些成果博得了国际同行的好评。

2006年9月，顾左文、陈斌、安振昌与我访问了菲律宾大气和地球物理与空间研究所（PAGASA），进行了学术交流并商定了中菲地磁合作协议。2006—2007年，开展了中菲地磁合作；2012—2013年，顾左文等开展了中蒙地磁合作；这两次国际地磁合作都很成功。2019—2023年，该磁测团队将与蒙古、吉尔吉斯斯坦、尼泊尔、泰国、老挝等“一带一路”的国家开展地磁合作观测与研究，推进国际合作共赢。

我参与了中国地磁图的一些工作。顾左文团队产出的“中国地磁图”富有科技创新，得到了广泛的实际应用。该团队的“中国地磁图技术平台建设与2005.0中国地磁图”荣获2007年中国地震局防震减灾科技成果二等奖；该团队的“2010.0中国地磁参考场研究与应用”荣获2014年中国地震局防震减灾科技成果一等奖。

我参加了2018年5月在四川成都召开的汶川地震十周年国际研讨会暨第四届大陆地震国际研讨会与2018年10月在北京召开的中国地球科学联合学术年会。该团队在这两次会议都开设了地磁专题，报告并讨论了岩石圈磁异常与地震的关系及其关系的机理等，博得国内外同行的好评。

2004—2018年间，我参与了该团队的地磁学术活动与地震预报研讨会，展示了该团队在地磁研究与地磁预报地震等方面所获得的长足进步。这个团队由老中青科技人员组成，是一个富有创新精神、努力上进、团结合作的科研团队，不断地推进中国地磁图工作、震磁前兆研究与地震预报探索。

（来源：纪念中国地震学会成立40周年“地震者说”主题征文）

我爱我家

杨秀生

我的家很奇特，我的家就是地震台，地震台就是我的家。居住在半山腰，要步行四五里才能见到人家。颇有空谷幽居之感。在我的记忆里，家里总共有三个人：爸爸、妈妈，逢寒暑假时，还有一个我。在我眼里，这个几乎与世隔绝的家，却充满了温馨和幸福。尽管每天我只能跟爸爸、妈妈说话，没有一个小伙伴同我玩耍，但从没有感到孤独和寂寞。我常常绕过院子，到墙外，捉野鸡，掏鸟窝，甚至还跟爸爸学会了一套捕蛇的本领。有时候，爸爸、妈妈忙着工作，无暇顾及我，此时我只能一个人坐在院子里，托着小脸，仰望天空。蔚蓝蔚蓝的天空，笼罩着这连绵不断的群山，阵阵山风吹来，似飓风掠过平静的海面，宏大的涛声就像在耳边响起。起初，我真的以为大水来了，禁不住声嘶力竭地喊爸爸、妈妈，此时，爸爸往往满脸油烟，灰鬼似的，从一个令我莫名其妙的洞里跑出来，看到我被吓的样子，竟开怀大笑起来，然后，慈爱地说："傻孩子，那是松涛不是水，你看这群山峻岭，哪儿能来那么大的水呀！"经爸爸这么一解释，我颇觉不好意思。以后的日子，每当爸、妈躲进山洞里，进行烟熏火燎的工作时，我就坐在当院，聆听这阵阵涛声，如万马奔腾，有排山倒海之势，使人有一种心灵的震撼；有时，倾听山鸟鸣啭，似佩玉鸣銮，令人心旷神怡。时间久了，竟也能惟妙惟肖地学几声鸟的鸣叫。在我童年的记忆里，最快乐的也许莫过于此了。

上初中时，我寄宿姑姑家在城里读书。但我很想念爸妈居住的地震台。最感兴趣的就是爸、妈天天熏的油烟纸，然后他们又把油烟纸放在一个滚动的筒上，让笔尖轻轻地划过，留下一条白白的痕迹，有时杂乱无章的，有时直直得像有人故意用尺子画的一样。而爸爸常常指着那些杂乱无章的线条说："这就是发生在某个方向的地震。"当时我真搞不明白，爸爸怎么知道那是地震。我想：爸爸的学问一定很大，为什么他能从那么简单的、简直像孩子们随意涂鸦的线条中，识别出地震来。长大后，我一定像爸爸一样，能迅速准确地识别出地震来，肯定和爸爸一样神气。后来，从教科书中知道，当时爸爸使用的是新中国成立后的第一代地震记录仪——熏烟记录仪。这种记录仪操作麻烦，可靠性差，图纸不易保存。

以后，地震部门在党中央的直接关怀下，地震台的工作环境、仪器都发生了飞速的变化。我家的变化也日新月异，对于爸爸、妈妈来说，是最幸福的事。由于家住在半山腰，要造新房，更新设备并非易事。常常是石子、砖头、水泥甚至盖房用的水都要一点一点地从山脚下背。爸爸、妈妈和他们的同事们就是这样在半山腰建起一栋两层的办公楼和一个深入大山腹地的仪器房。爸、妈身边的同事换了一茬又一茬，而他们却执意留在地震台上。也许在他们的生命里，早已被千变万化的地震记录波形所迷住，他们对此已有了特殊的感情和心领神会的默契。要不然，怎么只要爸、妈看一眼那些令人莫名其妙的地震记录图，他们就能说出这个地震来自何方、源自何处、震级有多大呢。也许家的方向是永恒的趋引，也许有爸爸的地方才算是家，家是儿女的归宿，亦是儿女的航标。爸爸的目极之处不是浩渺的宇宙，也不是漫无边际的汪洋，却是地球内部的每一个“器官”。我爱爸爸那份毅力和执着，亦更爱那居住在半山腰只有爸爸才有的家。

如今，我也算是继承爸爸的衣钵了。初中毕业后，我以优异的成绩考入了防灾技术高等专科学校，并迅速成为一名地震专业的大专生。现在某市地震中心台工作，中心台位于离市中心不远的地方。我可以像散步一样到市中心购物，再也不用过像爸爸一样下山四五里才见到人家的生活。工作不用每天早晚更换两张记录图纸，然后小心翼翼地标图，分析地震源起何处、发自何时、危害有多大，更不用每天要烟熏火燎地搞熏烟记录了。如今我只要坐在计算机旁，根据遥测地震台网传输过来的地震信号，拿起鼠标点几下，“聪明”的计算机便会给出地震发生的地点、震级、发震时刻，甚至还能给出地震定位脚偏差，真是指点江山激扬文字了。对于这一切爸爸羡慕得要命，他说：“这场数字化革命，要没有改革开放20年社会财富的迅速积累，是不会成功的。你算是赶上好时候了。”是啊，短短20年，弹指一挥间，变化真的是太大了。回忆往昔，移动鼠标的手却禁不住抖动起来了。在我的记忆里，半山腰的山居，依然是那样的亲近、清晰，因为那是生活的源头，是生命之源。

我爱我家，更爱那栋鲜为人知的家。家的故事，伴我走过20余个春秋冬夏。几十年的风风雨雨，爸爸、妈妈和他们的同事在傲天斗地的精神中永恒。

（原载于2000年《中国减灾报》，现已停刊）

地震预警减轻灾害，我们在行动

谢碧江

2009年底，我从部队转业到福建省地震局，没曾想到自己将从事一个不熟悉、近乎一无所知的行业，从一名门外汉一干就是10年。这10年从业经历，我和防震减灾事业一同成长，经历过防震减灾事业发展重大事件，亲历防震减灾工作的一些难忘瞬间，特别是对地震预警工作有了极大的兴趣，进行深入的学习和研究，在地震预警法制建设和预警知识的宣传普及上作出了个人的努力，在平凡的岗位上尽职尽责，有了一些人生感悟。

作为地震工作者和社会大众一样，希望地震能够预报，但是地震预报目前还是世界科学难题，还没有过关，1975年海城地震的“成功预报”虽然让我国地震界扬眉吐气了一阵子，可是诸如唐山地震、汶川地震等重大地震预报工作失败，使我们清醒地认识到地震预报水平还很低，还有许多艰难、复杂的路要走，不可一蹴而就。2014年，我会同中央电视台摄制组赴四川汶川开展《地震预警》专题片拍摄工作，有幸参观、考察北川地震遗址，看到北川中学被山体崩塌掩埋、曲山小学整体垮塌，许多鲜活的生命骤然被摧残，心灵受到震撼，深深感到作为地震工作者肩上沉甸甸的责任和使命。

近20多年来，随着科学技术的快速发展，特别是地震观测技术、通信和计算机技术的飞速发展，国际国内逐步发展起一种称为地震预警的新型防震减灾技术，从而在地震预报和工程抗震设防之外，提供另外一种可以减轻地震灾害的技术手段，是减少大震人员伤亡和经济损失的有效途径。知道有地震预警这一技术后，我一直关注和积极参与地震预警研究工作。近年来，特别是汶川地震后福建省地震局积极先行先试，多措并举，不断研究探索地震预警新技术，努力推进地震预警系统研发与建设。在中国地震局和福建省委省政府的关心支持下，经过多年的努力，福建省地震局在地震预警技术的研发、地震预警系统建设上取得了一项又一项成果，逐步具备面向社会提供地震预警服务的能力。

地震预警不纯粹是技术工作，还是一个极其复杂的社会系统工程。为保障福建省的地震预警工作规范有序开展，我积极参与了《福建省防震减灾条例》的修订，开展广泛调研、反复论证，新修订《条例》对地震预警这一防震减灾工作新领域，在全国防震减灾立法中首次做出了规定。积极参与《福建省地震预警管理办法》的制定，该办法于2015年8月1日起正式施行，在我国率先制定了出台有关地震预警管理方面的政府规章，加强了地震预警工作管理、强化了地震预警系统规划和建设，有效规范了社会力量参与地震预警工程建设，加大了对社会、企业、市场的管理和引导，及时纠正福建省地震预警工作的一些乱象。

2018 年 5 月 12 日福建省地震预警系统正式向社会发布地震预警和烈度速报信息，成为国内首个经省政府授权对公众发布地震预警信息的单位。那时正值“5 · 12”防灾减灾宣传周，我作为地震预警科普工作者，组织全省各地开展地震预警知识集中强化宣传，从个人参与宣传和市县反馈的情况看，感到社会公众参与的热情不高，关注度不强，宣传教育效果欠佳。地震预警具有较高的社会敏感性，急需引导社会公众正确认识地震预警、科学利用地震预警信息，不然在不了解的情况下向社会公众发出地震预警信息，反而可能造成不良后果，容易引起社会混乱，影响社会安定稳定。地震预警知识普及工作势在必行。作为地震工作者只要有百分之一的希望，就要付出百分之百的努力。我知道，地震预警系统已经在墨西哥、日本等国家和台湾地区投入使用，取得了一些减灾实效，我国作为地震灾害严重的国家，必须建设地震预警系统、减轻地震灾害，也一定能够成功。

为加强地震预警知识的宣传普及工作，伴随着地震预警系统的建设，我与地震预警团队的同志一直在行动，为了解地震预警知识的普及现状，组织在龙岩地区开展地震预警知识普及率调查，掌握民众地震预警的认识状况和需求。我主要参与制作了地震预警系列宣传作品，创作了《认识地震预警》科普挂图、地震预警公益广告片《哨兵》，与中央电视台联合拍摄制作播出《与地震波赛跑》科教专题片。同时，组织开展地震预警专项宣传活动，在“5 · 12”全国防灾减灾日、“7 · 28”唐山地震纪念日、全国科普日以及突发地震等重点时段开展集中强化宣传，宣传挂图在全省 1700 多个社区科普画廊进行展示宣传，科普动画片在电视台、地铁、移动公交、楼宇广告等媒体、媒介循环播放宣传。2018 年 12 月 26 日台湾海峡 6.2 级地震，福建省全省震感较强，沿海部分地区烈度达五度，个别房子出现裂缝、瓦片掉落和玻璃破碎等。福建省地震预警系统发出地震预警信息，第一时间通过多种途径把地震预警时间、预测烈度等信息传播到千家万户，地震预警系统短时间内引起社会的广泛关注，许多亲朋好友、社会民众通过打电话、微信、微博、短信等方式询问地震预警问题，如地震预警是不是地震预报，地震预警为什么只要几秒到几十秒，收到地震预警信息怎么办等等。我作为地震预警科普工作者，牢牢抓住地震这个重要事件和时间节点，耐心地宣传解

福建地震预警 APP 界面

释，提供各式各样宣传材料，适时传播普及地震预警知识和收到预警信息避险自救科普知识。迅速组织广播、电视、网络媒体等开展地震预警知识强化宣传，并就地震预警技术的作用及其局限性、收到地震预警信息后如何正确应对等，教育民众要有一个科学、全面的认识，起到了较好的宣传效果。

作为福建省地震预警工作团队一员，多年来在地震预警工作上的付出和努力，得到了领导、同事和朋友以及普通民众的肯定，2019 年我们的团队被中国地震局作为地震系统先进典型推荐为应急管理部、中国地震局“不忘初心　牢记使命”主题教育先进典型，本人感到荣幸、自豪，同时也感到自己做得还不够，对今后工作有了极大的鼓舞和鞭策。地震预警还是一个新生事物，还有许多不完善和不足的地方，地震预警也有盲区等先天不足。减轻地震灾害风险，保障人民群众生命财产安全，为中华民族谋复兴提供强有力的地震安全保障，是我们地震人的初心和使命。希望通过本人的努力，能够让更多的民众接受地震预警、让地震预警在减灾利民上发挥出更大的作用。

（来源：纪念中国地震学会成立 40 周年“地震者说”主题征文）

不忘初心，牢记使命

——我的地震台站工作经历

韩和平

我于1995年防灾技术高等专科学校（现为防灾科技学院）毕业后分配到河北省地震局阳原地震台工作的，现任阳原地震台台长。时间过得真快，转眼已是24个春秋，回想起这二十多年来的工作经历也是感触颇多，过往的一幕幕、一桩桩仍时常浮现在我的脑海中，难以磨灭，无法忘记。多位老同志已经退休了，走了，一个个年轻人又来到了我身边，日复一日，年复一年，赓续着我们的传统，在这种枯燥、单一、寂寞、重复的平凡工作岗位上谱写着我们的台站人生。

1995年刚到台站的时候，阳原台有8名职工，有测震、水平摆、水氡、地电阻率4种观测手段，由于当时是模拟观测，大部分工作都得人工去做，每天的工作量很大，而且还固定在同一时间段要干不同的多个工作，所以我们每两个人负责一个手段。因为我是台站为数不多的大学生，而且是刚参加工作，除了水平摆观测以外，台长还要求我把所有的手段都学会，做一名一专多能的复合型人才。

水平摆观测需要我们每天在上午8时前到离台站800米远的山洞里取相纸，中间的道路全部是庄稼地，8时5分必须完成取相纸工作，春天和冬天还好些，到了夏天和秋天，比人还高的玉米秆子和叶子像刀子一样，在胳膊和脖子上划出道道血痕，混合着汗水，会像蜂蜇一样疼痛。我们的水平摆山洞深35米，长50米，中间有7道门，要想保证把缺记率降到最低，我们都是一路小跑进洞和出洞的，这其中还包括开关门。取出相纸返回台站后，我们的工作就是把相纸通过显影和定影洗出来，然后晾干，进行量图、记录。所有的工作干下来已近中午。剩下的工作就是日常维护和每月的仪器检查、标定。

仪器维护方面最苦的活就是大震靠摆了，由于水平摆仪器周期比较大，当有比较远的大震发生时，大周期的面波传到仪器，当与仪器的周期相近时就会发生靠摆现象，这时数据就会中断。所以当仪器靠摆时（通过我台的测震仪器来判断仪器是否靠摆），我们会第一时间进入山洞调摆，让它恢复正常观测。记得有一次半夜2点多仪器靠摆了，我穿上衣服急急忙忙就出发了，由于手电筒电量不是很足了，又赶上是冬天，庄稼都收了，地里面没有一点参照物，借着微弱的亮光，我深一脚浅一脚向山洞方向走去，结果一不小心掉进了一口旱井里面，这口井有十多米深，是庄稼地里过去的废井，多亏里面没有水，要不然就更惨了。那个时候也没有手机，附近也没有人，我只能在井下面冻了一夜，第二天 9 点多同事才找到我，幸好也没受什么伤。

随着地震科技的发展，我们逐渐从每天取一次相纸，到三天取一次相纸，劳动量和强度不断降低。现在使用的是“十五”仪器，IP 直接到仪器，也早就不取相纸了。台上原来的地电阻率观测每四个小时进行一次人工测数，现在也变成了每小时测一次数的自动仪器了。过去的测震仪器也是每天上午 8 时准时换纸，现在也不用了，数据改为了秒值，实时上传到河北省地震局台网中心。台上过去的水氡观测每天都要人工化验、读数，一天的活干完后也到了中午，由于环境问题停测了，改上地电场观测仪器。

虽然现在都是“十五”数字化仪器了，但我台的仪器维护起来并没有想象得那么很容易，比如我台的地电阻率仪器外线路架空线就有 2500 米长，每隔 50 米就有一根电杆，电杆大部分在农民的庄稼地里面，还有一部分在庄稼地旁边的道路两边，道路的两边几乎全部是大杨树，维护起来极其困难。比如，2017 年 8 月 6 日，是个星期天，晚上 8 点多出现了雷雨大风天气，我从天气预报得知，这种天气要持续到第二天。多年经验使我清楚，这样的天气，仪器故障率奇高。室外电闪雷鸣，我在家坐卧不安，十分担心仪器故障，妻子对此十分抱怨，其实她也知道我们地震台工作性质，只是担心我此时到野外有危险罢了。果然不出所料，晚 9 时许，值班员打来电话说地电阻率仪器报警了，不测数了，若要是等到第二天再去排除故障，就会断记十多个小时数据，损失无法弥补，为此，我立即冒雨骑车赶往台站，经过检查是 N45° W 测道数据报警，初步估计是这趟线路出了问题。我立即组织台站职工，叫上了附近住的一位电工，我们一共三个人对这趟大约 1000 米的线路开始巡检。当时雨还在不停地下，7 级大风还在疯狂地刮，由于道路泥泞难走，我们三个人只能勉强打着雨伞和应急灯挨着电杆检查线路，最后终于找到了问题出在哪儿，是大风刮断了树枝，压断了观测线路。经过紧急抢修，直到晚上 11 点的时候，才把断线接好，仪器恢复正常。由于情急，回到台上清点装备时，才发现我们打的三把雨伞不知什么时候就被大风刮跑了两把，带去的两个应急灯也只剩下了一个。

工作中的困难可以克服，但有许多人对我们地震人的不理解却让我很难受。经常会有一些人问我同一个问题，就是你们地震台又不能提前知道地震，要你们有什么用，地震以后谁都知道，你们就是一群国家养的无用人。对此，我一度感到很受伤，也感到很自卑，但是一次地震应急事件使我摆脱了这种自卑感，找到了职业自豪感。

那是 1999 年 11 月 1 日 21 时许山西大同—阳高老震区发生了 5.6 级地震。地震后我们阳原台全体职工立即进入了应急状态，我的任务是配合一名老测震工程师更换图纸和计算地震三要素，通过几组地震波的计算，我们大概定出了是 1989 年大同—阳高老震区的地震，震级在

5.5 ~ 6.0之间。正在这时我听到了有人拼命地晃动台站大铁门的声音，由于台站没有门卫，到了晚上我们会锁上大门。我出门一看，原来是我们当地县地震办公室的常主任，此时他已经急不可耐地从大铁门上面跳了进来，他满脸焦急，见到我，就问："小韩，哪里的地震，有多大?"还没等我回答，又不容置疑地说："地震时当地居民都有强烈震感，现在书记和县长已经坐到车里了，快告诉我该往哪个方向走，好去救灾呀！"我说："基本已经测出来了，是1989年大同老震区的地震，得有5级以上，您一直向西偏南走绝对没错，要不您先进来看看我们的记录图纸再说吧。"常主任着急地说："不用了，领导还等着呢，我相信你们，给我快开门！"说完他就匆匆离开了。事后我得知，他们很快找到了震中，县领导对他们和地震台都给予了很高的评价和赞扬。

自那次地震事件以后，我逐渐为作为一名地震工作者而感到自豪，原来的自卑感没有了，我们是有用的，是国家和人民需要的，尽管我们的工作是很平凡的，能在平凡的岗位上默默坚守也是不平凡的表现。随着科技的发展，我们地震系统现在能够以更快的速度、更精准地计算出地震参数，精确定位，为各级政府组织震后救灾和震前防震减灾等各项工作提供更加丰富的地震应急信息服务，将来我们的地震预警项目更是能为社会、为国家、为人民提供更准确、有效的减灾服务。

说起地震应急来，我估计谁都不愿意遇到，因为它意味一次灾害发生和人民生命财产的损失，也是我们的工作中最苦最累最为紧张的一项工作了，但我们必须去面对，时刻准备着去应对。为此我们编列了各级政府不同级别的地震应急预案，地震系统的每个层级、每个部门都有适合各自实际的地震应急预案，相应的地震发生后会立即启动，每一个人不管你身处何地、在干什么都要放下手头的工作，立即返回工作岗位，开展地震应急工作。千言万语归结为一句话：震情就是命令！记得有一次，也就是1999年大同老震区5.6级地震后，我们台站的于福义同志（当时他已是一位56岁的老同志了）感到强烈的震感后，第一时间从8千米外的老家骑自行车赶回了台站，11月份的晚上9点多了，寒风刺骨，他只用了不到20分钟就到达了工作岗位，在连续换下了三张图纸后，我们才发现，于师傅只穿了一只鞋，另一只鞋却不知在什么时候丢在哪里了。事后我才知道，他当时已经睡下了，在来台站的路上，鞋子是在半路摔了一跤摔掉了，也没顾上找，就继续赶路，在过铁路的小桥洞时，脑袋上还被碰了一个大包，这个小桥洞洞口很矮，通过时需要猫着腰，低着头，那天于师傅由于着急，忘记了这些技术动作，受伤也就难免了。

还有一次，那是2017年1月2日在河北张家口市怀安县发生3.3级地震。震情就是命令，震后9分钟我台职工全部到岗，进入应急状态，却意外接收了一位"编外人员"。原来是隶属张家口中心台的年轻人小刘利用元旦假期陪未婚妻到阳原买衣服的，接到上级应急通知后，就近参加地震应急工作。他二话没说，直接把女朋友扔在了商场就到阳原台上岗了。

这就是我们地震人，一年中没有固定的节假日，“震情就是命令”是我们的职业信条和行动自觉。我们的工作是特殊的，越是在万家欢庆的时刻，越要加强值班值守，密切监视震情，加密观测，加密巡检，加密会商，用我们细致入微的工作为社会奉上一份安宁和祥和。在地震台，我们有一种初心叫坚守，有一种使命叫担当，为了最大限度地降低地震灾害风险，我们会把我们毕生精力奉献给我们最热爱的事业——防震减灾，奉献给我们最热爱的祖国和人民。

（来源：纪念中国地震学会成立40周年“地震者说”主题征文）

于无声处听惊雷

张帅伟

昨天晚上刚刚躺下睡觉，伸手把床头灯关掉，拿起手机将声音调到最大，然后放到枕头边。妻说：“一般睡觉要不是关机，要不就静音，你倒好，调到最大。”我尴尬地挠挠头：“不调到最大，地震速报短信来了听不见声音。”妻幽幽地叹了口气：“你是把灯关了，但耳朵还一直亮着。”黑暗中，我辗转反侧。

刚走进地震部门的时候，学中文的我向公众一样对地震行业陌生而反感。除了心里觉得是天地玄黄、宇宙洪荒一般的职业，其他的一无所知，甚至觉得进了一个枯燥无味、如同鸡肋般的行业。然而，从我到红山地震台站基层锻炼那一刻，改变就慢慢地发生了。

红山地震台让我知道了“台站”这个词。这两个字分开我的的确确认识，但是从没想过组合起来后会是一个行业的基础支撑。地震台站是地震部门最基础也是最辛苦的工作。它们往往建在偏僻、安静、尽量与外世隔绝的地方，这样才能更好地便于各种监测地震手段的应用，以防外界干扰。红山地震台周围是广阔的冲积平原，人烟稀少，开门就是看不到头的金黄玉米田地。在台站工作久了，工作人员往往不通世俗，他们的眼里手里心里只有工作，甚至话都很少讲。我曾问台站上的前辈们，如何忍受孤独。他们总是很轻松地说：“我们是干这一行的呀，有什么孤独呢？且不说平日里不能断岗的 24 小时监测，就说地震后速报警笛一响，震情就是军令，群众生命大于天，哪还顾得上寂寞。”

有一天傍晚，我吃过晚饭，到院子里散步。突然看到地震台的前辈坐在大门外的台阶上，头上戴着硕大的耳机，轻轻地在唱着歌。他的面前，是一望无际的玉米田。风吹过，似乎这个世界都在围着他眩晕，舞动。心突然就被狠狠拽动了一下，他已经连续半年没有回过家了。蓦地想到了郑愁予的一句诗：拥怀天地的人，只有简单的寂寞。

我不止一次地想，我们这个地震行业是有多少个这样默默无闻的人组成的。地磁、地电、流体、形变、测震，这些读起来就会犯困的监测手段术语，竟是一个人乃至几代人传承的智慧文明。台站的工作人员，日复一日，年复一年，重复坚持着数据观测、记录、上传、研究，在人烟渺渺的荒凉之地，在孤鸿寂寂的精神苍原，倾听地球的脉动。有人说，重复和坚持是世界上最坚实的力量，一如水滴石穿。正因为默默无闻地坚持做好一件事，才能让身体不被名利枷锁羁绊，心境不被掌声与尖叫干扰。正因为默默无闻地坚持做好一件事，才能不断蓄积能量，终致爆发，犹如地火的运行，岩浆的涌动。我对地震行业的认同便始于这默默无闻中的坚持中所隐藏的巨大能量。

尼采说：“谁终将点燃闪电，必长久如云漂泊；谁终将声震云霄，必长久深自缄默。”我觉得，在地震这个行业，正是用沉下心来的沉默，才能换得未来里程碑式的突破。因为我始终坚信，俯身坚实地踩在大地上，在默默无闻中坚守平凡，才能在无声处听到惊雷般的鸣响。

（来源：纪念中国地震学会成立40周年“地震者说”主题征文）

兴济地震台小故事三则

李瑞卿

我2014年刚毕业就加入了防震减灾事业的大家庭，进入河北省地震局兴济地震台。在这里我已经度过了五年的青春时光，说句实在话，台站的艰辛也曾让刚刚从大学走出来的我有过退缩的念想。可看看我们的郭台长，在这偏僻的台站一干就是一辈子，把整个人生都献给了我们的防震减灾事业。我那心中小小的迷茫，也随着台站上的小故事，在历史长河中慢慢逝去。台站工作虽然枯燥，但在这里的人生也可以丰富多彩，在闲暇时间听一听台长讲的那些岁月里的故事，那也是在冀震事业中泛起的浪花。

故事一：秋风正劲凉意浓，高空遇险屁股痛。

兴济地震台的主要观测手段是地电，以前无论是地电阻率观测还是地电场观测外线路都是由电线杆架空。外线路暴露在外，难免出现线路故障。那时候郭台长也是刚刚入职，作为一名新来的年轻人有许多技能要学，爬电线杆是我们地电台站人员必备技能。老张作为一名老职工曾对郭台长这样说："作为年轻人，你要学的还有很多，像我爬电线杆，那水平可是一流的，三下五除二呲溜一声就爬到顶了。这个踩脚扣是有技巧的，脚要像手一样灵活，爬一下，脚要往里扣一下让脚扣扣稳了电线杆，那就爬得如平步登云。我这爬电线杆水平这么高，踢足球绝对也是好手。走，踢会儿球去……"到了球场，老张果然有两把刷子，让郭台长佩服得那是五体投地，一个刚入职的小伙子就这样被老张独特的魅力迷住了。

兴济地震台

华北平原的秋在几场秋雨后渐渐步入正轨。所谓一场秋雨一场寒，到了深秋，秋雨过后的华北平原，一眼望去秋收后的农田已经什么都没有了，偶尔可以看到几棵农民落在地头儿的玉米秆在秋风中瑟瑟发抖。秋日的大地在这场秋雨后疯狂汲取这冬天来临前的最后一丝水分。兴济地震台外线路，在经过了夏日的暴晒，好不容易以为凉爽了，突降的寒冷让它在这冷风中突然地缩了一下脖子，然后就断了(外线路老化，被风吹断)。此时正赶上郭台长和老张值班，遇到这样的突发状况，就需要人来上杆接线。于是，到了老张大显身手的时候了……可以观看老前辈怎样爬电线杆了，虽然遇到突发事件，但当时郭台长紧张着急的心里还有一丝兴奋。平日里好几次要求老张给展示一下，都被高手平日不会轻易展示为由给拒绝了，今天好不容易抓住机会，可是要好好学习一下。“走走，张叔那个线路断了，您快教教我怎么爬这个电线杆吧！”郭台长抱上脚扣和必要的工具，拖着老张奔赴我们台站工作人员的战场。

老张一脸的“不乐意”，那个表情现在来看应该确切地称之为“难为情”。本来就显老的脸上布满了愁容。原来老张说自己是爬电线杆的能手，是在与郭台长开玩笑，说白了就是“吹牛”。到了真事儿上了，自己吹到天上的牛，得自己爬电线杆把它拽回来吧！到了现在硬着头皮也得上啊，面子还是很重要的。就在这孤傲的秋风中，老张开始了一场惊心动魄的电线杆之旅。“爬吧，谁让咱自己说大话了，不能在年轻人面前丢面子。”老张这样想着，一步一步往上爬去，在台站待了这么多年了，也是有一定工作基础的。刚开始爬上去还算可以，可是就在爬到顶，一不小心往下这么一望（多么深情的一望），头一下子就晕了。这应该叫恐高吧，只见老张死死地抱住电线杆。牛真的没法吹了，后来老张总结，说当时的感觉就是晕，吹牛吹多了，气不足，缺氧了。

当时的老张还挂在电线杆上呢，并且还掉了一只脚扣，这下好了，下来都是问题了。郭台长急忙去找人帮忙，留老张在这寒冷的北风中瑟瑟发抖。人找来了，按道理说老张顺着电线杆慢慢溜下来就可以了，但他不敢啊。最终大伙儿想到了一个办法——那就是用房梁那种杆子杵着他的屁股慢慢滑下来。老张就这样委屈了自己的屁股，从高空脱险，安全到达平地。

之后老台长老崔亲自上阵，麻利地更换完外线。在晚上吃饭的时候，老张竟然迟迟不肯坐下吃饭，说是站着吃好消化。老崔台长笑着说：“是屁股疼吧，小郭你也是，你没看到当时老张跟你吹牛时，我的那个眼神吗?”说着话又用那种藐视一切的眼神斜了老张一眼。“吹牛又不纳税。”老张笑着说道，然后向老崔台长抛了一个幽怨的小眼神。“嗯，是不纳税，但太高了会晕高，还屁股疼。”老崔台长紧跟着揶揄道。然后一桌人都笑了。这件事同事们嘲笑了老张好长时间，每次老张都大大咧咧地转移话题，好不开心。

故事二：除夕工作灯相伴，深夜遇“鬼”人心慌。

郭台长刚入职时，并不像现在有那么多娱乐项目，台上有个电视机那就是宝贝了，晚上台站旁边砖厂的工人们常过来凑热闹，周边的村民也喜欢过来。挤在一起看电视，聊家常，台站也就有了家的温暖。郭台长说，台上的几个老同事与周边的村民关系都很好，平日开展工作，还需要依靠周边老百姓，咱们台站架设线路、修理院落什么的有熟人好说话，在与群众搞好关系方面还是要老同事们好好学习。

说到这郭台长又讲起了老张的另一个故事——老张是个闲不住的人，平日里忙完工作，常去旁边的砖厂或者周边的村子里转悠，偶尔在砖厂取土后留下来的水坑里钓鱼。过年的时候最爱扭秧歌，就是那种化着浓妆、跟着鼓点一起扭动的那种。人们知道京剧演员化妆，浓粉白脸相当优雅。老张就是降了一个档次的京剧演员，他们的化妆用料比较简单，出汗后脸上一道一道汗液流过的痕迹就“彰显”出来，如果再画个眼眉，汗液流过后黑色的痕迹就跟女鬼哭出黑色的血泪一般。

有一次过年，郭台长在台站值班，晚上的时候北风怒吼，值班室的窗户就像马上被撕裂吱吱乱响，屋内的昏黄的灯光似乎也受不了狂风的嘶吼，一闪一闪感觉就要熄灭一般。就是这样月黑风高的夜晚，郭台长还在认真处理工作中的资料。突然，一双冰冷的手从他脖颈处拥了过来，一丝凉意马上就传遍了全身。“这大半夜的，还是荒无人烟的台站，该不会是遇到……”然后他下意识地往右一撇，“我的妈呀！”那个泛黄的手上有两个指甲已经发黑。

郭台长大脑中飞速旋转，然后惊恐地想象着“一会它会不会直接把我掐死，或者直接把我的头一薅直接就给拽下来！这下可真完了。”再回头一看，那是一张森白的脸，血红的嘴唇里，一排发黄的牙在工作室的灯光中熠熠生辉，它是在笑吗？可为什么那黑漆漆的眼中流出了黑色的血泪！郭台长说，当场命就被吓得没了半条……风似乎更猛烈了，它似乎已经撕开了窗户呼啸而来，冰冷的风已经把郭台长紧紧包裹。仅存的心跳在“嘣！嘣！”，也站出来与这寒风争一下谁的声音更大。

“小伙子，这么晚了还在干活啊。”直到老张开口，郭台长这才算是喘上一口气儿来。原来老张同志刚从镇上扭秧歌回家，看着台站还亮着灯，就进来跟郭台长开了个玩笑。老张是个烟鬼，却也舍不得抽好烟。自己买了烟叶子，用纸一卷就可以吸了，这种烟没有滤嘴，老张又舍不得丢，往往抽到最后把两个夹烟的手指甲熏个漆黑，而且手也熏黄了，同时被熏黄的还有那口牙，再加上扭秧歌出汗毁了“妆容”，就不难想象那个模样到底多吓人了。那晚郭台长没有睡着，不知道是那天的风声音太大了，还是除夕的夜里做了噩梦，还是冷汗直流无法平息……

故事三：逝者已矣，生者如斯。

在郭台长印象里，老张每天笑呵呵的，喜欢与人开玩笑，是台上的开心果，就是平时爱抽烟，弄得牙齿发黄，经常咳嗽。后来，老张在台站工作岗位上去世了，郭台长说可能就跟他抽烟咳嗽有关。老张虽然爬电线杆晕高，但在其他业务方面可是非常优秀的。谈到老张那双因抽烟而泛黄的手，郭台长的眼中泛着泪花。

那时候台站上还是比较简陋的职工宿舍，因为地电工作常年需要有人值守，所以在这个偏僻的台站上建了几个职工宿舍，虽然简陋，但院落中种着花草，也给台站增添着家的温馨。地电台站的观测场地比较大，现在兴济地震台地电阻率一个方向的外线路足有 2000 米长，是目前全国最长的外线路台站之一。再者地势开阔，打雷下雨的天气中外线路比较容易遭雷击。为了保证观测仪器不被雷击，台站人员往往在打雷下雨的天气中不睡觉而是盯着仪器，在必要时关闭仪器，断开线路。那年夏天，忽地刮过一阵大风，屋外的尘土漫天，黄沙所到之处，遮天蔽日，紧接着天空中的黑云飘过，豆大的雨点倾盆而下。当时郭台长正在值班，看这形势需要断开线路，关闭仪器了。当忙完一切必要工作后，电闪雷鸣如期而至，眼看着闪电击到远处的电线杆上，然后一个火花顺着外线路直奔观测室而来。随后听着观测室内噼里啪啦乱响。“好在保护措施到位，没有什么大的危害。”想到这，郭台长突然想起老张怎么没有过来？以前，出现这种情况老张是第一个冲过来的，然而今天是怎么了？郭台长出于好奇，想着去逗一下老张，讽刺他今天睡得太死了。然而，老张就这样真的睡过去了，再也没有醒来。

在防震减灾的岁月里有一种传承，那是一种“不忘初心，牢记使命”的敬业精神。郭台长说，台站工作是监测大地活动最基础的事，虽然简单，但这是我们防震减灾事业的根基，有了这些数据才能进一步研究与发展。郭台长从年轻入职到当上台长，经历过很多的事，现在一说干活，爬电线杆、连接线路、电焊、修水井等涉及到台站工作与生活的各类事务都可以信手拈来。谁还没有个家？那些年台站就郭台长一个正式员工，他自己带着三个临时工，事事都要由他来操心。家中老母亲重病，台站外线路被风刮断，临时工无法处理这样的紧急事件。在亲情与工作两难的时候，郭台长还是坚持回到台站把线路接好，保证监测数据的连续性。

我虽然没有见过台站上的老张，但从郭台长的口中听到那些年的事，就会在心里升出一种崇敬。不仅仅是对台站老张的崇敬，还有对老台长老崔的敬佩，更有对郭台长的理解与敬重。防震减灾事业中有许许多多像他们一样在平凡的工作岗位上坚守一生的人，始终坚守一生的梦想。预报地震虽然是世界难题，但经历一代又一代人的不懈努力，我们坚信，终有“长风破浪”的一天。

（来源：纪念中国地震学会成立40周年“地震者说”主题征文）

地震观测前哨守护人

——记安徽省淮北皖22井观测员刘明桂同志

淮北皖22井位于萧县孙圩子乡前兆园村，在瓦子口断裂与芦花断裂交汇处。观测员刘明桂自42岁承担观测任务，至今已33年。为保证仪器正常运转，数据连续可靠，三十多年来，他从未出过远门、外出度假或在外过夜，即使家属生病住院，他也要设法连夜赶回，不耽误第二天早上更换图纸。

他热心地震事业，主动承担地震观测工作。皖22井在选井、建观测房的过程中，该井所在地的村民不愿意在自己承包地里建观测房，认为既占承包地，又不方便耕种。当时是民办教师的刘明桂同志认为地震观测是公益事业，是为大家服务的好事，便主动要求承包这块土地，并且负责看护、观测，持续至今。

他不忘初心，持之以恒，坚持地震观测三十多年。自1986年底开始观测以来，刘明桂同志三十多年如一日，不论严寒酷暑，还是风雨雷电，他总能准时在早上六点半之前赶到地震观测室，检查仪器、实测水位、记录数据、更换图纸，默默无闻，无怨无悔，虽已过古稀之年，仍坚守岗位不辍。淮北市地震局也曾想找个年轻人接替他，但要来的人一看到观测井远离市区，环境艰苦，枯燥乏味，补助微薄，都打了退堂鼓，只有刘明桂同志一直在坚守观测。

他爱岗敬业，无私奉献，始终把地下水观测放在第一位。刘明桂同志开始从事地下水观测的时候，还是萧县孙圩子乡徐双楼中学的一名数学老师。观测点离学校九里多路，为了保证地下水位观测的时间质量，同时也不耽误教学，他放弃了当班主任的机会，每天准点进行观测后，再赶回学校投入紧张的教学，虽然少了一份班主任补助，但多了一份对初心的可贵坚守。

他在观测过程中因高温休克过，但苏醒后坚持把未完成的工作继续做完；送图纸时摔伤过，但为不耽误观测坚持不住院。三十多个寒来暑往，数不尽的酸甜苦辣，诠释着刘明桂同志在地震观测员岗位上的坚守奉献。皖22井连续观测33年，观测资料连续可靠。井孔记震能力强，内在质量高，是一口较理想的地震地下水位观测井。皖22井观测资料参与省、市地震部门分析会商，为省、市地震部门分析会商提供第一手可靠的资料，为地震科学研究积累了宝贵资料。

皖 22 井观测资料参加全省流体观测资料质量评比，一直名列前茅。自 2008 年连续 11 年荣获全省前三名。1994 年、2019 年获得安徽省防震减灾优秀成果三等奖两次。

刘明桂同志认真负责的工作态度，不计报酬的奉献精神，严谨求实的工作作风，受到安徽省、市地震局领导的高度赞扬。他本人先后多次获得省、市防震减灾系统先进个人、优秀工作者称号。

（来源：安徽省地震局“不忘初心　牢记使命”主题教育先进典型事迹材料）

三十三年的坚守与奉献

——记安徽省泾县凤村井地震观测员凤诚同志

凤村井位于泾县茂林镇凤村东流山山脚下。凤诚同志 1986 年 6 月被县地震办聘为凤村井地震观测员，从事地下水观测工作，独自一人坚守在地震监测岗位整整 33 年，将自己的青春和热血无私奉献给了地震事业！

一丝不苟，三十多年执着坚守。1986 年，已是副村长的凤诚，因为人朴实，能写能记，在当地颇有威望，被组织安排担任凤村井地震观测员。

虽然地震观测是一份光荣而神圣的事业，但工作内容却枯燥单一。由于地震的敏感性和严肃性，观测工作必须周密、严谨、连续，每天观测必须定时、定点、定量，以确保观测数据的准确有效。凤诚每天 7 点 50 分准时到观测井，记录整理过去 24 小时的观测数据，然后校测水位，检查是否异常；8 点，实测水位必须精准，误差不能大于 1mm，否则会造成系统性误差。然后对记录的观测数据进行整理，及时上报给省地震局进行分析研判。

凤村井地震观测员凤诚

做一件小事不难，难的是日复一日地做，最难的是一丝不苟地坚持做。而凤诚，却在这样的岗位上，整整坚守了 33 年。

一腔热忱，三十多年风雨无阻。凤诚每天都会准时出现在观测井，即使每年两三次到省、市地震局参加会议，他都会提前将远在上海打工的妻子叫回来接替他，在反复叮嘱、妥善安顿好后，才放心去开会。开完会后，又马不停蹄地赶回观测井，生怕错报、漏报观测数据。

他战台风、斗酷暑、忍病痛、护数据，始终把观测任务放在首位，正如他爱人所说：“在他心里，监测是天大的事。村里不管有什么事，他第一要做的就是监测；监测好了以后，再去帮忙。还有一次在回家的路上，天降暴雨，为了避免监测表被淋湿，他将自己衣服脱下来，把表格包起来……监测表虽然保全了，自己却病倒了。”

一心一意，三十多年无私奉献。他始终是“临时工”，没有工资，只有微薄的补贴，根本无法与外出打工相比，但凤诚从来不在意。很多人都表示不理解，包括家人和孩子，他总耐心劝导说：“钱多钱少够用就好，做好监测是为大家做的好事，我觉得很值得，这才是最重要的。”凭着对地震工作的热爱，三十多年来，他勤勤恳恳，甘于寂寞，无私奉献，不求回报。在工作之余，他还承担着当地的防震减灾科普知识宣传任务，时时刻刻为防震减灾事业作贡献。

在凤诚的坚守和努力下，凤村井的地下水观测工作也迈入全省地震观测工作的先进行列。他监测记录的数据，得到了省专家组的一致肯定；2006 年该井纳入省地震局观测井，2009—2018 年，凤村井的观测数据连续十年在全省地下水质量评比中获前三名。2016 年 2 月 19 日，宣城市泾县第二届道德模范评先中，凤诚获得敬业奉献类好人第二名。

对于这些成绩的取得，这位 1989 年 7 月入党的老党员总谦虚地说：“这辈子我只是想做好这一件事！”

（来源：安徽省地震局“不忘初心　牢记使命”主题教育先进典型事迹材料）

把担当刻入脱贫一线的每寸土地

——记太慈镇茶岭村第一书记、扶贫工作队长戚浩

戚浩，安徽省地震局的一名优秀青年党员干部。2017 年，为响应省委省政府号召，戚浩同志积极向组织汇报申请，努力克服家庭困难，赴任望江县茶岭村第一书记、扶贫工作队队长。驻村以来，戚浩同志时刻牢记一名党员的责任与担当，将足迹踏满每一条乡路，将汗水洒满每一寸土地，他带领工作队与村两委攻坚克难、砥砺奋进，用热血和激情唱响了脱贫攻坚、乡村振兴、奋斗新时代的昂扬旋律。

持之以恒强党建，他是茶岭村脱贫攻坚的带头人

习近平总书记指出“抓好党建促脱贫攻坚，是贫困地区脱贫致富的重要经验”。茶岭村是望江县 60 个贫困村之一，全村辖 54 个村民小组，总人口 1727 户 7400 人，建档立卡 380 户 1367 人，脱贫攻坚任务十分艰巨。戚浩同志坚持把发挥党建引领作用作为脱贫攻坚的头等大事来抓，基层党组织活力被激发了，才能最大程度地转化为脱贫攻坚战中的指导效力。通过创新方式方法，戚浩同志提出“三会一课”不仅可以坐在会议室集中开，也可以在田间地头边干边学，关键是要把学习的成果投入到具体工作中去，融合到全村发展上来。为拓宽党员管理模式，他和驻村干部发挥自身专业优势，利用新媒体技术和信息化手段，搭建了茶岭村党建微信公众平台，实现了对全村党员信息推送的全覆盖，灵活解决了全村党员的日常学习教育问题，又能让广大党员畅所欲言，共谋全村发展大计。

在 2018 年村的两委换届选举中，戚浩同志坚持把有知识、爱思考、懂经营、会管理的人员作为培养选拔对象，引导他们依法依规参加选举，打造一支“永远不走的工作队”。如今的茶岭村两委班子战斗力明显增强，党员队伍素质全面提升，产业发展有人带，环境改善有人抓，弱势群体有人帮，并高分通过基层党组织标准化验收工作，成为望江县示范典型。

真抓实干解民忧，他是乡里乡亲的自己人

“村看村，户看户，群众看干部”，扶贫干部是群众和政府间的桥梁和纽带，必须了解群众、走进群众。戚浩同志足迹遍及茶岭村的沟沟坎坎、角角落落，到村仅一个月时间，便走访了全村380户贫困户，摸清了全村54个村民小组的贫困户、道路、环境等情况，可以说，全村大大小小、上上下下的事他都了然于胸。早起刷步数是他的基本功，群众白天要外出劳作，他就跑到田间地头，和老百姓贴心交谈，听取老干部、老党员、老村民对村里发展的建议和意见；茶余饭后，他又忙着和村两委班子、致富能手探寻茶岭发展新思路。夜访贫困户是他的必修课，老百姓致贫情况复杂，他将贫困家庭的困难和需求都紧紧记在心，一户一档，一户一策，他不厌其烦，坚决不放过一个细节、一条思路。戚浩同志经常对扶贫队员讲“只有群众把我们当作朋友，他们才能给我们讲真话，我们讲的话他们才能听进去”。

两年的时间，他以实际行动践行着一名共产党员的宗旨和一名扶贫工作者的责任，帮助村里修建道路10.4千米，拓宽道路6千米，清淤当家塘30余口；建设中心村，启动亮化工程，修建休闲广场，安装体育器材，改善人居环境，村级文化广场和医疗服务室破土动工；带动198户贫困家庭完成脱贫，也使茶岭村以100%的满意率顺利出列。

勠力同心谋发展，他是增收致富的领军人

茶岭村位于大别山末端低山丘陵地带，耕地面积较少，人均不足一亩，主要以种植棉花、水稻、油菜为主，村民收入普遍较低。面对发展困境，戚浩同志协同村在两委村里村外四处取经，最终结合发展现状和安徽农业大学的拟定规划方案，制定“以茶叶为主导，光伏、健康养殖为补充”的产业发展规划，将茶叶发展纳入“一村一品”建设。在产业发展过程中，他坚持以整合资源、盘活村集体资产为原则，从发挥自然资源优势出发，充分调动村民组和种茶大户的积极性；他坚持由内而外“扶”，由里而外“富”，创办“流动扶贫夜校”，广泛宣讲政策，及时解决关切，做好农技培训；他大力推进农村“三变”改革，鼓励村民成立合作社，引入资金发展茶产业，做到持续发展、多方受益，全面助力脱贫攻坚，促进当地农民增收，找到了适合乡村发展和群众致富的好路子。

为达到“点燃一盏灯，照亮一大片”的效果，戚浩同志在着力引、及时送、逐个帮上下足了功夫。截至目前，茶岭村已经建成茶园800亩、茶叶加工厂1座、温室养鸭大棚8座和500kW装机容量的光伏发电设备，村集体经济收入达到四十余万元。通过这一系列产业脱贫的真招实招，让全村老百姓看到了希望、干出了信心、饱满了口袋。

夙夜在公显党性，他是乡村发展的守夜人

一名党员就是一面旗帜。作为驻村干部，戚浩同志深刻认识到脱贫攻坚工作的重大意义，按照组织部门的要求，严格执行考勤纪律，带领工作队坚持吃住在村、工作在村、生活在村，为茶岭村的扶贫事业倾注无限心血和热情。在平时的工作生活中，戚浩同志一直照顾其他的工作队员，而自己父亲生病住院时他还在扶贫夜校开展宣讲工作，妻子二胎生产时他仍在双基工地指挥建设，孩子中考时他依然坚守在危房改造的现场，这些家里需要他的重要时刻，他却都没能出现在家人的身边。“家里面需要我，可茶岭的群众更需要我。”虽然感慨这些年对家庭的照顾不够，但从戚浩同志坚毅如炬的目光中，可以看出他心疼温暖的小家，但他的心中却更放不下茶岭这个温情的大家。

他既是“领航员”也是“战斗员”，平时的工作中，小到完善“一户一档”、填写扶贫手册，大到谋划扶贫项目、推进双基建设，戚浩同志样样率先垂范，凡事亲力亲为。乡间、田里、办公室，处处可见他忙碌的身影，这也得到了老乡们的一致欢迎和称赞，村民们总是逢人便夸赞：“组织上真是给我们派来了个好书记！”

没有比人更高的山，没有比脚更远的路。戚浩同志以执着的信念、炽热的忠诚和不懈的追求扎根基层，虽然没有惊天动地的丰功伟绩，但他情系百姓生活冷暖，心怀产业发展大计，凭着钉钉子的精神和为民服务、无私奉献的情怀，奋斗在脱贫攻坚、乡村振兴的道路上，将一个共产党员的担当刻入了脱贫一线的每寸土地，树立了新时期扶贫干部的优秀形象。

（来源：安徽省地震局“不忘初心　牢记使命”主题教育先进典型事迹材料）

与“防震减灾宣传工作”的情结

梁志勇

与“防震减灾”宣讲活动结缘，已经五年多了。说来却是一份偶然中的必然。当时，在读高中（1994 年）的时候，我们的教室就在 6 楼。那天（9 月 16 日）下午第一节是生物课，忽然（14 时 20 分左右吧）课桌椅左右摇晃了。或许未曾这么切身经历过，大家并不知道怎么回事。生物老师还转过头来，大声叱喝我们在捣什么蛋。过了一会，老师晃过神来：地震。幸好，时间短，整个学校没有人跑出教学楼，没有什么恐慌等事件的出现。后来，走上工作岗位的时候，1999 年 9 月 21 日，凌晨 1 点 47 分左右，住在 5 楼的我忽然被床摇醒了。接着，整个宿舍楼电话铃声此起彼伏，都是询问地震后的情况，大家一份惊悸犹在。尤其是在第二天看到台湾地震的情形，大家都是一份庆幸，和一份对生命无常的感慨。令人深深震撼的是 2008 年的汶川大地震，牵动着全国上下的心。也从那时开始，对于地震这一课题，我就开始有意识地去了解，深入这一方面知识。身为一名语文老师，加上自己的“倔强”，认为生活中有一些事情需要“懂得做一份善意的宣传演说”，尤其是趋利避害的宣传，更当深入群众中做传播筒。于是乎，决定越俎代庖——做起地震局“防震减灾”宣传的行当——深入生活、深入群众开始宣传。于是加入了县地震办讲师团中，开始走向生活，深入大众了。

在以县地震办为根据地后，星星之火，撑起一片燎原之势，从而向社会各层进发。起初，我的宣传工作走入了福建省农林学院茶学院。面对着 500 名左右大学生，处在阶梯教室，黑乎乎的一片，具有“黑云压城城欲摧”之状态。我急中生智，即兴吟诵“茶韵入诗，儒袖盈香馨学院；兰溪作墨，羊毫述志展鹏程”嵌入“茶学院”名字的对联赠给茶学院师生，促进了彼此的互动并激发起学生对于生命的意识。这次宣传活动受到县教育局、市教育局、市地震局网站的报道，起到了很好的宣传效果。后来，又走进工厂、企业进行宣传演讲，代表县地震办和县消防队联合在茶都广场进行公益宣传；到各中小学校进行逃生演练活动的指导；组织中小学生代表参加市防震减灾现场电视抢答赛、组织家庭参加市防震减灾电视现场赛等等。当然，在这过程中，越来越感觉到自己的水源远远不足以解渴。因而，也不时提出来和同事，尤其是地理学科老师探讨斟酌。当然，这也引来自己“受伤挂彩”——面对我的执着，有的老师冷笑、不理睬；有的晓我以大义，术业有专攻，你别充当万能膏药；有的老师给我当头棒喝：无名小卒，

在福建农林大学安溪茶学院作防震减灾知识讲座

既非圣贤，别浪费什么时间了，自讨苦吃，独侠客拯救不了苍生的。

就在躺着也中枪的时候，我疑惑着，对于防震减灾的宣传，不仅可以提高逃生技巧以临危不惧，还增强了逃生意识，以处乱不惊。这是关系到众人的生命，而为什么众人却如此漠然？难道，当你听到那一声山崩地裂，你就不惊悸吗？难道你听到那一声哀号痛苦时，仍无动于衷吗？难道你要因对逃生技巧的一无所知而造成损失才痛心疾首悔不当初吗？疑惑的同时，我依然执着。因为，“防震减灾”的公益宣传给我带来了充实的精神食粮。因此，县地震办连续几年授予我“防震减灾宣传先进工作者”、“防震减灾宣传工作优秀讲师”等荣誉。市地震局的部分领导给我鼓励，让我充满了正能量：“您的课件声情并茂，起到了良好的宣传作用。”同时还馈赠了应急包等，并推荐我参与省地震局讲师团。这无疑更坚定了我的信念。

由于长期以来的坚持，我受到了市县领导的肯定、鼓舞。在宣传的过程中，我并非能“点点到位，步步深入”，但领导却是宽容的态度，在宽容的同时给以精心的专业指导，这种宽容与呵护，更增强了我对防震减灾宣传工作的信心，促使我对这一宣传工作不敢丝毫懈怠，一直坚持至今。

在防震减灾宣传工作的过程中，我发现它的神奇作用：为人们逃生技巧提供知识营养；提升自救技能，在遇到突发情况时，能够促进冷静、调整心态，以沉着面对危难，避免灾难扩大化。防震减灾宣传工作是社会和谐的助推器，为祖国的和谐构建起到了强有力的推进作用。

（来源：纪念中国地震学会成立40周年“地震者说”主题征文）

坚守推进减灾科普工作的初心使命

张　英

背景：我国灾害教育研究与实践开展较晚，“5 · 12”汶川地震之后，学界、社会开始关注与重视这一议题，中央提出要把防灾减灾教育纳入国民教育体系。2016 年，习近平总书记唐山讲话提出“建立防灾减灾救灾宣传教育长效机制”；2018 年 7 月 25 日，应急管理部等五部门联合印发《加强新时代防震减灾科普工作的意见》，提出到 2025 年，建成政府推动、部门协作、社会参与的防震减灾科普工作格局，实现防震减灾科普创新化、协同化、社会化、精准化；2018 年 7 月 28 日，全国首届地震科普大会在唐山召开。

历程：不忘初心，牢记使命。回想十年前我自己走上防灾减灾教育研究道路并非偶然，基于学科发展、社会需求、学者使命感与研究兴趣，我在学校攻读硕士学位的时候就关注灾害议题，一直以来，不做“坐而论道的清谈者”，坚持理论研究与实践并重，做到起而行之，致力通过教育减轻灾害所带来的影响。有了这样的初心，后来公派留学的时候选择了京都大学防灾所，开展减灾教育与应急管理理论研究。工作一直也面向初心，无论是从事地理教育、地震科普，还是现在从事的应急宣教工作，一直都在致力于研究科普教育理论、搭建交流平台、构建科普资源库、开展公众服务。我们从事的不仅仅是一份职业，应该当作事业看待，而且应该做得更加专业。一路上，也遇到了很多困难，蓦然回首，都不值一提。

一、积极开展理论研究。聚焦防灾素养等减灾科普宣传教育理论构建，搭建减灾教育理论平台，出版专著《防灾减灾教育指南》（2015）、《灾害教育课程设计》（2016）、《减灾教育研究与实践》（2018）等，主编教材、科普图书多部并获得奖励，在《灾害学》《科普研究》《中国应急管理》《中国减灾》等期刊发表论文 60 余篇。录制相关授课视频并出版，辐射更多受众。值得一提的是，2019 年，考虑国内缺少优质科普绘本的实际，编绘《防灾小卫士丛书——地震科普与应急避险》绘本，希望能成为亲子读本类的畅销书，具有一定影响力、传播力。这些初衷都是为了提高公众的科学素质，而不是沽名钓誉。

二、积极开展科普资源建设。受北京市财政项目资助，开展了“防灾减灾科普教育教材”“灾害教育读本”项目建设，将它们免费发放到北京市中小学生手中，在提高师生防灾素养方面取得了重要成绩。同时，开展了多形式科普作品的创作，如动漫片《城市保卫战之火影重重》(科普中国二等奖等)《识别地震谣言　科学防震减灾》《地震科普系列片》《地震科普精品课件》等；动画丛书《海啸危机》(中国地震局优秀科普作品）等五本，《地震预警科普手册》。无论是游戏还是网站，或是图书，科普资源的核心竞争力就是内容，内容为王方具有核心竞争力，令人欣慰的是，这些科普作品广受欢迎。值得一提的是，作为特邀编辑，参与了陈颙院士《地震灾害》一书。因为工作的关系，也曾与陈运泰院士约稿，在编撰、约稿的过程中，院士们的治学严谨、老骥伏枥的精神让人钦佩、感动，关注地震科普工作的热情值得后辈学习。

三、积极开展社会服务。担任相关协会专家、相关机构科学顾问、相关学术机构兼职研究员等学术兼职；接受《中国青年报》北京卫视、首都之窗、《中国应急管理报》等媒体采访，参与人民网、央视、教育电视台等节目录制，在机构改革时建言献策，地震后开展地震应急科普、维护社会良好秩序发挥了重要作用。同时，探索运营“防灾小卫士”微博、微信公众号，构建优质科普资源库，积极开展公众服务，致力通过教育减轻灾害所带来的影响，开展培训、讲座多次，致力提升公众防灾素养，效果良好。2017 年，我参与策划举办了“2017 年北京市防震减灾科普师资培训暨灾害教育研讨会”，参与培训的种子教师可以进一步辐射全市教师，已经成为多部门协同开展科普的示范。积极挖掘地震系统内科普资源，如加强与地球观象台的合作，向教育系统、社会推广。同时，我积极开展志愿者、从业人员专业培训及首都防震减灾科普大讲堂工作，引导社会力量有序参与防灾减灾工作。

反思：进入新时代，需要新担当，力争新作为。习近平总书记在全国科技创新大会上强调，科技创新、科学普及是实现创新发展的两翼，要把科学普及放在与科技创新同等重要的位置。应急科普工作需要做到竭诚为民，不仅可以提高公众应急科学素质，还可以为应急管理干事营造良好的舆论氛围，奠定群众基础。

近年来，相关单位创作发行了一批公众喜闻乐见、通俗易懂、具有影响力传播力的优秀科普作品。国内防灾安全类教育馆作为科普宣教工作的重要阵地发挥了积极作用，我国地震科普宣教工作取得了实际成效，但离公众的期望还有一段距离。值得欣喜的是，我国公众防灾素养不断提升，全民参与防灾减灾的氛围正在逐步形成。毋庸讳言，我们的科普供给侧需要改革，无论是内容还是形式，这样才能满足公众日益多样化的需求，科普大有可为，我们在路上。

没有人，还有灾害吗？灾害的发生不能阻止，但是可以通过一系列工程措施、非工程措施来减轻灾害影响。近年来，突发地震等自然灾害引发公众高度关注，我们应该怎么看待地震灾害，如何学会与地震风险共处？如何培育安全文化？就平时准备来讲，应该开展风险分析、隐患排查，在此基础上编制应急预案，做好应急演练；同时，还可以通过动手准备一个应急包、绘制一张防灾地图、召开一次家庭防灾会议等形式来落实。真正做到未雨绸缪、有备无患！

我们应该明白，科普宣传教育有所“能”，也有所“不能”。但是“房子结实”与否，减灾教育所营造的安全文化都十分重要，我们需要不断地从灾害中吸取教训！减灾应急安全科普可以做什么？并不仅仅是告诉你灾害来了怎么躲，发生灾害怎么办，这样理解有些狭隘，而是包括灾害发生发展规律、防灾减灾等知识系统，我们应该从较大的范畴、较长远的眼光来看待其价值，人们有一定防灾素养之后就能在其日常生活中、在其专业工作中注意存在的这些问题并解决之，如建筑设计与施工、政策制定、科学研究等多方面。期待我们的社会更加安全、安心！

（来源：纪念中国地震学会成立40周年“地震者说”主题征文。作者系应急管理部宣传教育中心高级工程师）

坚定，只为心中的防震减灾梦

吴雯雯

2008年5月12日，一个让中国人刻骨铭心的日子，时间永远定格在下午2时28分，地震让69227人失去生命，374643人受伤，17923人音信全无，一时间，山河呜咽，万众含悲。那一刻，举世震撼，全民动员，开启了一场气壮山河的抗震救灾斗争；那一刻，充分体现社会主义制度优越，充分体现祖国的温暖与强大；那一刻，也充满了太多太多的感动和令人热血沸腾的记忆。而就是那一年，我研究生毕业，带着些许疑惑、些许惶恐、些许不安，参加了工作，正式成为了地震战线的一名新兵。大地震造成许许多多生离死别悲惨场景，在我的脑海里挥之不去，“防震减灾”一词在我人生的轨迹中也渐渐从陌生到熟悉，成为了我一生笃定的职业追求和矢志不移的事业。那一年，我做了一个梦，梦里，我们所居住的城市也遇到了类似汶川地震一样的大地震，大地剧烈地震动，高楼大厦随之而舞，民众从容不迫，社会依然稳定有序，当大地停止了震颤，一切又都回归原来的样子，好像一切都未曾发生，依然是一个生机勃勃的世界。再见了，地震后的生离死别和撕心裂肺的哭喊；再见了，地震后的断壁残垣和破碎山河；再见了，地震后“气壮山河”的抗震救灾。

十余年来，我在地震部门经历了不同岗位的磨砺和不同工作角色的转变，才真正懂得一个地震工作者的责任与价值，才真正悟透“防震减灾”的含义与诉求。这种懂得使我人生目标更加坚定，步履更加铿锵，这不仅是源于热爱，更是缘于追求。

坚定，在质疑和责备中成长

同自然灾害抗争一直就是人类生存发展的永恒课题。在汶川地震后，有很长一段时间，地震部门一直在社会公众的误解、质疑甚至谩骂中艰难前行，甚至有人以“地震无法预报”为由，建议撤销地震局，社会上也有不少附和之声。为此，我深入思考了地震与地震部门之间的关系、地震与防震减灾之间的关系。地震是一种自然现象，因地球的运动而产生，作用于人类社会，也就形成了灾害。由此可见，防震减灾是一个需要全社会共同参与的工作。地震部门作为我国特有的组织形式，为了应对地震灾害而产生，最初的职责是地震预报，是防震减灾工作具体的承担主体，随着时代的发展和科技的进步，防震减灾工作的内涵不断拓展，它的职能早已不仅仅限于地震预报，而是贯穿于地震灾害风险管理的全过程。要让公众深入参与防震减灾工作，必须先让其了解防震减灾知识，理解地震部门的工作；必须通过广泛的地震科普宣传教育，久久为功，使防震减灾工作深入民心；必须通过广泛的公共服务，使防震减灾工作接地气，深度融入社会，惠及百姓。如今，我已在地震科普宣教工作岗位上了5年之久，有了更多的机会走进机关、走进社区、走进学校、走进农村、走近社会公众，也就更多地参与到地震应急处置、社会媒体合作、科普宣教、安全演练等工作中去，可以说，科普宣教工作拉近了与公众之间的距离，建起了地震部门与社会沟通联系的桥梁，我们也深切感受到人民群众对防震减灾工作的理解和关心及真实需求。

2016年习近平总书记在唐山抗震救灾和新唐山建设40年之际，提出了“坚持以防为主、防抗救相结合，坚持常态减灾和非常态救灾相统一，努力实现从注重灾后救助向注重灾前预防转变，从减少灾害损失向减轻灾害风险转变，从应对单一灾种向综合减灾转变”的重要论述，为防灾抗灾救灾提供了根本遵循和行动指南。近几年可以看到，无论是第五代《中国地震动参数区划图》的颁布、农村民居地震安全工程或是地震烈度速报和预警工程建设，防震减灾工作已经将工作关口前移。地震是群灾之首，地震灾害风险防治难度大、涉及面广、影响深远，在推进国家治理体系和治理能力现代化的今天，防震减灾显然不是哪一家的独角戏，着力构建“党委领导、政府负责、社会协同、公众参与、法治保障”的防震减灾社会治理体制已经成为趋势和必然。我相信作为在质疑和责备中不断成长和发展的地震工作者，将进一步坚定初心和使命，继续投身于祖国防震减灾工作实践，扎实工作，不负光阴，不负人民。

坚定，缘于从不言弃的执着

中华民族从古至今都是一个永不言弃、永不屈服的民族，科学事业的发展需要一个长期探索的过程，一时没有取得功利性的进展就认为这项事业毫无意义，势必落入历史虚无主义的窠臼。西方谚语云：罗马不是一天建成的。在攻克地震预报这一世界难题的道路上，更是如此，正如几十年前，谁也未曾想到如今的短期天气预报已有70%以上的准确率，今天的天气预报系统也正是在气象观测技术飞速发展后才建立起来的。我国古谚云“能上天，莫入地”。地震因地球不可入性、发生的小概率性、无法直接观测等特点，地震预报被公认为“世界性难题”，而突破这一难题依然道阻且长。我国幅员辽阔、地大物博，地震频度高、强度大、震源浅、分布广、灾害重，是我国的基本国情。地震事业仅有短短几十年历史，相对于地球的生命活动而言，仍然积累太少、起步太晚，即使遇到一些挫折也符合事物发展的必然规律。纵观今日人类之文明，无不是站在前人的肩膀之上，延续了百年乃至千年的不懈探索和追求，比如航空航天，远古时代人类就有了飞天的梦想，直到今天人类才自由地翱翔于蓝天，但对于浩瀚的宇宙，依然有许多的未知世界，仍需不断地探索和发现。对于“筚路蓝缕、以启山林”的开荒者即使出现方向性的失误和阶段性的失败，也不应轻易抹杀他们的汗水和付出，从某种程度上讲，宽容失败，人类才能走向更加遥远的未来。如今无数的地震工作者，穷极一生默默奉献、为了梦想从不放弃对地震预报的探索，难道不是同样值得我们敬佩吗？难道不值得我们宽容一点吗？

这世上哪有什么岁月静好，只不过有人替你负重前行。自地震系统成立以来，就有大量的工作者担负了地震监测的重任，为了远离外界环境干扰，他们或长期值守或翻山越岭、披星戴月地将仪器架设在荒山野岭、人烟稀少之地，几十年如一日，每年 365 天就像守卫的哨兵一样把脉地球活动，收集着来自地球内部的点滴观测资料，为地震科学研究提供真实可靠的依据。再观之，为防震减灾事业鞠躬尽瘁、德高望重的马瑾先生，学术报国、勇攀科技高峰的青年学者王涛同志，坚守雪域高原、默默奉献 14 年的 80 后欧文东同志，矢志攻坚克难、咬定青山不放松的台网中心预报部团队，坚持求实创新、突破地震预警的福建局地震预警团队，以实际行动践行地震人初心使命的四川局长宁 6.0 级地震应急工作队等等，无不彰显出地震工作者那“成功不必在我，但功成必定有我”的情怀与担当。

坚定，是瞄准世界难题的日夜兼程

马克思说，在科学上没有平坦的大道，只有不畏艰险沿着陡峭山路攀登的人，才有希望达到光辉的顶点。这些年来，中国取得了举世瞩目的伟大成就，蛟龙下海、神九飞天、航母入列、北斗导航、量子通信等等燃爆人心。每一个科学成就的取得都极其不易，而大家看到的往往只是成功时的闪耀，背后科技工作者经历多少失败、历经多少辛酸却鲜为人知。多年来，地震科技工作者们始终致力于破解地震科技难题，经过地震科学家的不懈努力，我国在地震科学基础理论、应用技术和方法等方面取得了一系列创新性成果，也开创发展形成了一批批代表性理论，为地震学科发展做出了重要贡献。陈颙院士团队发展了绿色人工震源探测技术，在国际上首次突破内河流域主动源激发和数据接收技术；谢礼立院士团队在国际上首次突破基于性态抗震理论的核心关键技术难题……我国首颗电磁监测试验卫星“张衡一号”经过十余年的论证和研发，已经投入轨道运行，使我国成为世界上唯一拥有在轨道运行多荷载高精度地球物理类观测卫星的国家。

在大力推进实施我国地震科技创新的道路上，我们提出了“用 10 年左右时间，协调全行业乃至国内外的科技力量，运用先进科学理念和高新技术集中攻关，实施 4 项重要科学计划”。实施“透明地壳”计划，全面开展地下结构和构造的探查工作，逐步认识活动断层习性、活动地块及相互作用过程；实施“解剖地震”计划，深化对地震孕育发生规律的认识，为地震预测打下科学基础；实施“韧性城乡”计划，科学评估全国城乡地震灾害风险，采用先进抗震技术提高城乡的可恢复能力；实施“智慧服务”计划，丰富防震减灾科技产品服务于国家和公众需求、服务于经济社会发展的能力，这些计划的付诸实施，必将显著提升国家抗御地震风险能力，更大程度地保障人民群众的生命财产安全。我想说，面对世界难题，我们不曾有喘口气、歇歇脚的念头，唯有克难攻坚、砥砺奋进的行动。

古人云：“兰生幽谷，不为莫服而不芳。舟在江海，不为莫乘而不浮。君子行义，不为莫知而止休。”坚定，只为心中的防震减灾梦。

（来源：纪念中国地震学会成立40周年“地震者说”主题征文。作者系安徽省地震科普宣教中心宣传教育室主任）

公众媒体说

防震减灾工作是一项复杂的系统工程，需要全社会共同参与。本篇从社会公众和媒体的角度收录一些媒体报道和地震亲历者的讲述材料，旨在从不同的角度观察防震减灾工作，让更多的人体会到：防震减灾工作不是政府或政府某个部门一家的事，而是一个需要政府、社会、公众共同参与的复杂的社会系统工程。必须不断完善“党委领导、政府负责、社会协同、公众参与、法治保障”的社会治理体制。

国家地震台网建设取得历史性跨越

姚亚奇

日前，记者走进昆明基准地震台。群山之间，深井地震仪、超导重力仪等现代化数字观测设备不间断运转，各类监测数据从这里源源不断地传送出去。

新中国成立70年来，从“老八台”到建成中国数字地震台网项目（CDSN），从近1300个数字地震台到建成覆盖全国的数字地震台网……中国地震事业从无到有，从弱到强，取得历史性跨越。

昆明基准地震台

两个人坚守一个地震台

“我 1983 年来到昆明工作时，昆明基准地震台站还叫昆明地震台，我的老师余美轩已经在这里工作了近 30 年。”云南省地震监测中心主任张建国说。

70 年前，我国在地震台站的建设上几近空白。中国地震局地球物理研究所研究员郑重告诉记者：“新中国成立后，开始建设地震观测台，建设了包括兰州、乌鲁木齐、昆明等台站在内的‘老八台’。”

就是在这段时间，潘保德、余美轩夫妇响应国家号召，前往云南省昆明市黑龙潭进行昆明地震台基建的收尾工作。他们在山上的台站里架设起地震仪器，开始进行地震观测，成为现在的昆明基准地震台的前身。

1957 年 6 月 1 日，昆明地震台开始正式记录地震，从此结束了云南无地震观测台站的历史。回忆刚到昆明地震台工作的经历，余美轩说：“云南地震多，每年都有 5 ~ 6 级以上的地震发生。我俩经常还要抽出一人，去地震现场进行宏观调查。”

1970 年 1 月 5 日凌晨 1 点，云南省通海县发生 7.8 级地震，余震接连不断。潘保德、余美轩夫妇日夜坚守在仪器旁，分析处理地震资料，并及时向中国地震局地球物理研究所报送地震数据。这是两个人坚守昆明地震台工作的一个缩影，也是一代地震人坚守全国各个台站进行地震观测、研究的时代形象。

“昆明基准地震台是中国西南最早建设的地震观测台，在 60 多年的观测研究中积累了大量宝贵的第一手资料。”昆明基准地震台副台长钱文品说，这些资料数据是了解地震活动时空特征、探索地震发生机理、支撑防震减灾事业发展和进步的重要基础。

地震观测进入数字时代

在昆明基准地震台地震观测山洞中，记者看到，分属云南地震台网、国家地震台网和世界地震台网的地震计被安置在基岩上。这些仪器，是组成数字地震台网的基础，见证了昆明站走向数字化的历史进程。

“3 个台网的地震计分别用于记录云南省内、全国以及全球范围内的地震。”钱文品介绍，“昆明基准地震台不仅是中国数字地震台网（CDSN）的一个台，也是全球地震台网（GSN）、全面禁止核试验条约组织建立的国际监测系统（IMS）、全球地球动力学计划（GGP）等台网的成员。”

1987 年中国数字地震台网建立，开创了中国地震学数字化观测的时代。

中国数字地震台网包括分布在全国的 10 个台站，以及设在中国地震局地球物理研究所的台网维修中心和数据管理中心。10 个台站分别在北京、上海、昆明、西安、乌鲁木齐、海拉尔、牡丹江、恩施、琼中和拉萨。

“加入中国数字地震台网，使地震观测从模拟时代进入数字时代。”钱文品表示，中国数字地震台网是中国与国际进行学术交流和科研人员培养的一个窗口。数字化也为地震科学研究带来了一场翻天覆地的革命，数据的传输与处理，地震频带的拓宽，科研人员对资料的获取、使用和研究方式都产生了变化。

谈及从模拟时代到数字时代的转变，昆明基准地震台测震室高级工程师陈翔直言“变化太大了”。“以前我们处理地震数据时，需要拿量片在图纸上测量数据，再对照走势表比对，测算一次地震数据大约需要 20 多分钟。现在在电脑上做数据分析，测算一次地震数据只需要几分钟。”

“中国数字地震台网带来的进步是飞跃性的。这 10 个台站的建成，为我国其他地震台的建设提供了规划标准，使我国地震观测水平有了很大发展。”钱文品说，30 多年来，中国数字地震台网产出的数据还广泛用于地震灾害、大陆构造的研究，其中包括地壳和上地幔结构的研究工作。

地震监测与速报能力大大提高

从中国数字地震台网的 10 个台站发展至今，全国测震台网建设了 169 个国家数字地震台，859 个区域数字台，144 个井下台、火山监测台网及科学台阵、海洋观测台，台站总规模近 1300 个，我国地震监测与速报能力大大提高。

“然而从台站建设分布上看，相对东部地区而言，我国西部地区地震台站分布还较少。”张建国分析道，台站越密集，在地震发生前，可能会观测到的信息就越多。这些信息对于地震速报、数据分析、科学研究而言具有重要作用。

2018 年 7 月 20 日，国家地震烈度速报与预警工程启动，在特定区域、重点监视危险区将建设地震烈度速报网与预警网台站 15391 个，重点监视区、危险区台站间距达 10 ～ 15 千米。

在国家地震烈度速报与预警工程项目规划中，云南将成为全国地震台站布点最多的省份之一，将建成包括基准站、基本站、一般站三类共 1246 个台站。张建国表示，三年后我国将有一张具备良好监测能力的地震台“网”。

除了云南之外，新疆、四川、甘肃等地也将大力推进国家地震烈度速报与预警工程项目建设。“在国家的大力支持下，今后的地震台网建设将向地震发生较多的西部地区倾斜。”张建国说，“我们这代人能够有机会将国家地震台网建设的短板补上，感到无比骄傲和自豪。”

（来源：中国地震局官方网站，发布时间：2019-10-02 14:59:59，原载《光明日报》）

防震减灾背后的“硬功夫”

姚亚奇

1976 年 7 月 28 日凌晨，一场大地震席卷河北唐山，华北地区震感强烈。由于当时的观测能力有限，震后数小时内，震中在哪儿、震级为多少、受灾状况如何，成为难以回答的问题，灾后应急救援开展艰难。

40 多年来，我国在地震领域不断提高科研能力、救援能力等“硬功夫”。如今，地震台网自动速报系统让公众在震后十几秒内就可获知地震发生的时间、地点、震级等信息；地震应急产出，将科研成果直接应用于震后救灾，缩短了从科研到应用的时间成本，极大提高了救灾效率；从国内应急救援到国际救灾援助，中国救援队冲在灾害发生的最前线，成为挽救人民生命财产损失的坚实力量。

地震信息实现自动速报

走进中国地震台网中心，记者看到速报系统的屏幕上显示着近期世界各地发生地震的波形。“公众通过手机收到的地震速报信息，都是从这里发出去的。”中国地震台网中心地震速报员杜广宝一边介绍速报系统，一边告诉记者，“这里测定的地震数据，可以通过程序抓取，自动对外发布。”

杜广宝说：“台网对外自动发布的地震信息，发布速度快，但地震参数的准确性还需要人工复核。两个工作人员同时对数据进行核对，当两人得出的结果一致或差别极其微小时，才能确保速报结果无误。”

据了解，当前全国 160 多个国家台、1107 个区域台的地震数据全部在中国地震台网中心汇总。地震发生时，所有台站的地震波数据都会实时传到台网中心。一旦国内发生了 3 级以上或国外发生 5 级以上地震，台网中心的地震自动速报系统将触发，并在 2 分钟左右自动发布地震信息。地震速报的反应速度显示出我国地震观测技术的巨大进步。

地震观测技术的进步，得益于台站、台网观测方式质的飞跃。由国家地震台网、区域地震台网和流动地震台网构成的数字地震观测系统，实现了“数字化、网络化”的历史性突破，大大提升了我国地震监测和速报能力。

2018 年，我国建成 1 个国家地震台网中心、1 个国家数据备份中心、31 个区域地震台网中心与 5 个区域自动速报中心，对有效服务防震减灾决策、科学指导抗震救灾及开展地震应急工作产生积极影响。

多种科技手段指导地震救援

“这是由无人机拍摄的鲁甸地震后形成的堰塞湖立体成像。这张图片的区域大概有 200 多平方千米。通过这张图像，研究人员可以看到鲁甸地震后的水灾情况以及周边地区的滑坡、倒塌等灾情。”在国家地球观象台，中国地震局地球物理研究所研究员杨建思向记者展示了她的得力“助手”无人机以及由它们拍摄的灾情图像。

地震发生后，震中在哪儿、震级多大、人员伤亡状况如何、会不会发生余震、应急救援如何开展等问题，都是公众关注的重点。“关于地震的基本信息等，地震速报系统可以在几分钟内作出判断。而要回答其他问题，则需要现场的监测数据来支持。”杨建思说。

地震发生后，科研人员是第一批到达震区的人之一。“科学、有效、迅速的应急救援行动，取决于对灾情的把握程度。”杨建思告诉记者，“第一时间到达震区后，我们会架设监测设备，用各种手段快速获取灾情，提供给应急救援队伍。”

汶川大地震后，科研人员将越来越多的科技手段应用于抗震救灾中。“三网一员”人工报送灾情、“12322”电话报送和主动访问、无人机低空影像等方式成为有效的灾情获取手段；震源破裂过程、具有实时监测数据校正的地震动场预测图（Shakemap）、余震震源分布等成为预估灾情的有效方法。

杨建思说，灾情还隐含在社会各方面的大数据中，如手机热力图、移动通信基站退服、电网的实时监控图变化等数据资料。

汶川大地震后，中国地震局的多家单位共同建立了大地震应急产出工作团队。目前，地震应急产出的内容越来越丰富，除震级、发震时刻、发震位置、震源深度等地震基本信息，还包括余震活动序列、震源破裂过程、地震动场预测图、区域地震构造等内容。

建成国际一流的救援队伍

倾斜的房屋、倒塌的墙壁、凌乱的水泥板……在国家地震紧急救援训练基地，一片占地 6000 多平方米的训练废墟还原了地震发生后的景象。在训练废墟中，记者看到许多救援人员正全身心地投入到应急救援训练中。

“这些受训人员都是国家和省级救援队的技术骨干，通过初级班、中级班和高级班的培训，队员能够提升救援知识与技能。”国家地震紧急救援训练基地主任贾群林表示，“这些训练人员回到各自队伍后，将起到‘火种’的作用，带动更多救援队员提升专业技能。”

2008 年 7 月，国家地震紧急救援训练基地建成并投入使用，成为我国按照国际理念设计、建设的第一座专业化、现代化和国际化救援训练基地。

2009 年 11 月，中国国际救援队通过联合国国际重型救援队分级测评，获得国际重型救援队资格认证，成为全球第 12 支、亚洲第 2 支国际重型救援队。2019 年 4 月 23 日、24 日，针对联合国能力分级第二次测评，中国国际救援队在训练基地开展了连续 36 小时不间断的自测评估演练。

“破拆这种水泥板，是我们的训练项目之一。”国家地震紧急救援训练基地教官张天宇指着废墟中的一块水泥板说，“在受限空间救援考核中，这块水泥板将横在救援通道之间。在联合国测评中，这也是一个重点考核的科目，救援队在 13 个小时之内把水泥板破开，进入受限空间把人救出来。”

“近年来，训练基地不断学习国际先进救援理念、管理思想、救援技术，中国救援队应急救援能力不断提升，已经成为国际一流的救援队伍。在历次大型国际救援行动中，中国国际救援队的表现得到了联合国、受灾国政府及当地人民的肯定。”贾群林说。

（原载于 2019 年 5 月 23 日《光明日报》）

地震后的迷茫：一位灾区丧葬师的自述

王　楠　沈文迪

背景：2019 年 6 月 17 日 22 时 55 分，在四川宜宾市长宁县发生 6.0 级地震，震源深度 16 千米。四川、重庆、云南、贵州多地对此次地震有感。据了解，此次 6.0 级地震在四川成都、德阳、资阳等地实现了成功预警。截至 2019 年 6 月 26 日 8 时，共记录到 $M2.0$ 及以上余震 182 次。

截至 2019 年 6 月 19 日 6 时，四川长宁 6.0 级地震已造成 16.8 万人受灾，因灾死亡 13 人，受伤 199 人、紧急转移安置 15897 人。截至 6 月 21 日 16 时，此次地震共造成 13 人死亡，226 人受伤，累计收治伤员 177 人，累计出院 34 人，在院治疗人员 143 人。

2019 年 6 月 22 日 22 时 29 分发生的珙县 5.4 级地震属于 6 月 17 日长宁 6.0 级地震的余震。截至 6 月 23 日 5 时 30 分，珙县 5.4 级地震共造成珙县、长宁县 31 人受轻伤和轻微伤，其中留院观察治疗 21 人，均无生命危险。“6 · 17”四川长宁 6.0 级地震已正式转入灾后恢复重建阶段。

一个帐篷 12 平方米，放置了三张竹凉床，可供三户人家作为临时避难所。

地震发生后，宜宾长宁县人张书江和女儿以及妻子挤在一张床上，在不安和忧虑中入眠。

6 月 17 日到 7 月 4 日，大大小小的余震在四川宜宾长宁县和珙县之间来回蹿动。53 岁的张书江 5 年前再婚迁居来到长宁县双河镇葡萄村，即“6 · 17”6.0 级地震震中。震后，作为丧葬师的他经历了十多年来最为沉重的一次送葬。

口述人：张书江

葡萄村的葬礼

我是五年前来到葡萄村的，带着 13 岁的女儿跟现在的老婆结婚，她前夫患癌症去世了。她有个儿子，对我挺好的。

我做丧葬生意，村里有四五家在做，大多是年轻人，而我今年 53 岁，从 38 岁开始跟着弟弟做这行。唱哀曲、吹唢呐、打鼓、敲锣、写毛笔字、剪纸花等这些技艺，都要学会。每次出外主持丧葬，会持续三到五天不等。赚的多时一个月有 3000 元，平时就一两千元，能赚就赚点。

在双河镇的这几年，生活还算平静，年年都有小的震动，我都习惯了。只有这次，光我们村就走了 5 个人。

李家老两口下葬那天，落了好大的雨。（编者注：“6 · 17”地震中，双河镇葡萄村八组李家祖孙三人不幸遇难。）

他家在高速路交叉口旁，傍晚收费亭灯光亮起，倒塌的房屋大咧咧地垮在那。

小孙子前些日子已经下葬，这次是给老两口送行。一大早天就灰蒙蒙的，走出帐篷，已经有人聚在公路上，商量着去李家送葬的事。我是个丧葬师，这里也称“道士”，这次作为邻居，来为他们送葬。

李家帐篷里有三个道士在唱哀曲，宜宾方言伴随着锣、鼓、钹的声音，边打边唱。搞丧葬服务的，看到别人家再悲惨都要忍住，会通过大声唱曲来盖过棺材前的哭声。我坐在帐篷外，主家给我上了一支烟，人多了就摆（注：意为闲聊）起来了。

大概 20 分钟后，发丧开始，道士念完词后喊一声“出！”8 个人就抬着棺材往外走，我和其他人在前面拉，一路要把棺材送上南边的山头。

那会还没下雨，只是雾气重，天也暗。李家的葬礼不像平常那么隆重，但我做丧葬十多年，从没见到送葬的人心情这么沉重。这次地震如果是我赶上了，他们也许是在抬着我去下葬。

大概走了 2 千米，棺材抬到了山上。我没休息，下山准备抬第二口。

另一口棺材停在收费亭旁的平地上，就在丧葬师在做仪式的时候，开始下雨了。邻近有个 150 平方米的一层旧瓦房，是个很小的私人酒厂，酒厂前面坝子（平地）上有个红白蓝相间的帐篷，里面好像有病人，做仪式时，医生轻声提示说小声一点。

地震来临时

葡萄村就挨着双河镇所在村，房屋在公路两边，我家在路北侧，屋后是大片竹林。

夏天的葡萄村属于老年人，他们耕种家里的几丈地，喂鸡和猪。闲时看看电视，串门聊会儿天。村里有老年协会，周末就聚在去年新修的村部门口跳“坝坝舞”（广场舞）。他们邀我，我不去，觉得不好看。不出门做丧葬时，我就在家看风水相关的书，写毛笔字。

6 月 17 日晚上，天气很热，我坐在二楼中堂的沙发上看抗日剧，女儿躺着玩手机。老婆抱怨电视太吵，我关了电视到隔壁卧室躺下，睡不着就把手机声音开到最小，贴着耳朵听风水相关的网课。

只一会儿，床突然抖了起来，老婆一翻身就跑出门去了。我离门有点远，听到轰隆隆的声音，像放鞭炮一样，隐约还夹杂着玻璃碎落的声音，瓶瓶罐罐跌落的声音，板凳倒地的声音。

我把着床，震动感不强。

但我心里很慌，不知不觉吼出声来："我要死了！"想起女儿还睡在中堂，就没想直接跑出去，立马右手抓起手机，左手抓起裤子，想赶紧去救她。当时停电了，震动在继续，我把裤子夹在腋窝下面，右手使劲点手机屏幕，想赶紧打开电筒照明。跑到中堂时，灯光一照床上是空的，女儿应该已经跑出去了。

这时地震停了，我回转头瞥见卧室绿色的床单皱巴巴的，旁边的衣架倒了一地，床头柜被震得离床很远。我拔腿开始向外跑，走到楼梯处，台阶上是屋顶掉落的砖块，我是踩着砖块使劲跑下来的，跑下楼之后我才把裤子穿上。

住在一楼的继子跟儿媳抱着孙女已经出来，老婆和女儿也在外面，老婆见到我就说，岳母还在上面。我和儿子又先后冲进去，岳母是半瘫的人，她抱着门框全身发抖，动弹不得。我和儿子一人抬岳母一只膀子，赶忙提下楼来。一家 7 口人都到齐了，岳母坐在地上，仍在发抖。

后来开始下雨，女儿、岳母、老婆一起坐在邻居家车后排躲雨。路上还有辆货车，敞开式的车厢上面已经搭起了个棚，村里的女人跟小孩在里面，挤满了整辆车。

男人们在外面，大概有几十个，淋着雨，一晚上都没睡。夜里很安静，蛐蛐声音此起彼伏，记不清那天男人之间聊了些啥，我脑子里一直在盘算接下来一家人怎么生活。

回到硐底镇

刚来到双河镇的时候，我谁也不认识，不习惯这里，每天都想回硐底镇。

硐底镇是长宁的，但挨着珙县近。那天珙县也地震了，我就给在硐底镇的弟弟打电话。我俩一起做丧葬服务，十几年了，经常碰面，倒也不怎么习惯打电话。他说不要紧，只是稍微震动。

6 月 22 日，珙县又震了，这次更严重，5.4 级，打电话过去没人接，我打算第二天过去看看。

23 日早上大清早，我骑着摩托从双河镇出来，开上县道，一半的道路上搭了帐篷，路上车也不多。经过龙头镇上了省道，我骑得也不快，60 码只要骑半小时就能到，我就一边骑一边看。

路两边都是山，竹子插在斜坡上，两山夹一沟，沟里的人暂时住在红白蓝的塑料布帐篷里。

经过中学时，操场上全是帐篷，到处是人，再往前是镇政府，房子没大碍，只是空荡荡的，一个人也没有。

红旗村在硐底镇西边，两面的山一直延伸到珙县。很早的时候，交通很不发达，上学的人也少，村民文化水平偏低。大部分人都去小煤窑打工，煤窑被封后就去采石场做工人，那是最繁重的工作，也有出外打工的。

二十多年前，我离开硐底镇，去外面学习炭精画像，尝试过很多工作，后来也把家里老房子让给了弟弟，他和弟媳修了新房。两间砖砌平房，三面承重墙，预制板结构，屋顶还盖着瓦。经过地震，预制板和砖砌墙之间已经裂开了。

我38岁结婚定居在硐底镇，也是从那时候开始入行做丧葬的。那会我在农贸市场附近租了个房，还在市场里开了家店，出售丧葬用品，勉强维持生意。

那天我回到老家的时候，弟弟不在家，我看到弟媳妇跟侄儿、侄女在帐篷里躺着，帐篷是弟媳自己砍了竹子，在旁边搭的。

这里的房子跟葡萄村没有两样，排着震裂的白旧墙壁。弟弟家前面是宗族叔父家，刚修的房子损坏较轻；左边是宗族二哥的老瓦房，已经全塌了，他正搬开瓦喂猪，太危险，我忙叫他别喂了；猪圈前是伯母家，她90多岁了，她家房子是近年来盖的，比较牢固，她躺在屋里的床上，见到我非常激动。

看到亲人都没事，我也就放心了。下午老婆打电话来，喊我回去把家里冰箱挪出来，搬到安全的地方寄放，我也没多停留，骑着摩托返程。

震后生活

余震来的时候，耳边总是轰隆隆的。一到晚上，大家很早就歇下了。夜深以后，田里蛐蛐在叫，在帐篷外走来走去的只有巡逻的人。

“6 · 17”地震后，我们五组来了9顶帐篷，9 ~ 12人住一顶。前一天岳母已被接到镇上的小姨子家，儿子一家去了兴文县未受灾的丈母娘家。我和老婆、女儿三人，与两户邻居总共8个人住一间帐篷，约12平方米。太拥挤，两天后，政府又牵起一个长条大帐篷，离我家房子50米远，里面紧挨着能排十多张床，我就带家人和两张床一起搬进去了。

我们去不远处一家竹器厂买了凉床，好在竹器厂震后仍在营业。床上的铺盖是救灾补给发的，白底上有一个鲜艳的红色“十”字。震后，我上身没有穿衣服，第二天中午便回家爬上楼去，在卧室边上迅速抓了一件黑色上衣，携一个手机充电器就赶紧跑出来了。大夏天，竟抓了一件双层秋衣，我还很后悔没多拿几件。

后来我又进去一次，给老婆和女儿拿衣服。我家的房子一楼顶是预制板，二楼顶才是现浇的。我看到楼上墙壁上有三个拇指宽的裂缝，电脑等很多物件都砸在地上，打烂了。我只是把倒在床头的衣服连着衣架一起抱起，从二楼窗户丢下去，接着就溜出去，一刻也不敢多留。

三餐倒不难解决。开始村民用石头砌灶，捡废木柴烧水，泡方便面吃。不震时，有人进房子取出面和大米，搭伙吃。有人做好饭，看到没吃的，就喊着一块。谁家有锅碗，也借着用。后来政府给每户发了两袋米，一袋大概50斤，还有两桶植物油。

我家门前有几丈地，二十几窝豇豆，四五十窝辣椒，几窝茄子，七八窝还没结的南瓜，与米和油一起，够我们吃上一阵。

目前陆续在修安置房，一户有三人以上的可住入 20 平方米的安置房，用彩钢顶盖的，胶布绑住墙面，外面围了一圈绿网，像山上竹子的颜色。已经盖起几间了，还没通电，人也还没住进去。20 平方米要掏 1200 元，我不假思索就掏了，帐篷里总归不舒服。

何以为家

7 月 3 日，长宁又地震了，4.8 级，比较严重的龙头镇距葡萄村大概只有 3 千米远，山头都垮了。

那天正是中午，天雾蒙蒙的，山上聚着雾气。

邻居大叔 70 来岁了，他坐在门前的竹椅上乘凉。我和老婆正跟他聊天，没料到地震来了，我们拔腿就跑到公路空地上。等我缓过神，才见大叔颤巍巍走过来，那时已经震完了。原来上一次地震中他韧带受了伤，几乎无法从竹椅上站起来。

村里大多是 20 多年前盖的两层楼房，直接由砖块砌成，没有植入钢筋，屋顶直接盖预制板居多，这样的房子禁不起震。

那天，五组村民去队长家里开会，事关震后住宅，每户人都到齐了，我老婆去参加的。听说是政府打算修建住房，需要预先登记购房的村民户数，不过没有一户人家表态。

我觉得，大家并不是担心购房质量，而是不确定购房价格按照商品住房还是灾后安置房标准。

葡萄村是我的第二故乡，但现在的住房必须要推掉，以后不知住在哪里。

老婆已经去竹器厂打工了，一天做 10 小时，有 80 块钱，她也捡些废竹料回来，那些竹料会在屋外的土灶里烧得噼里啪啦。

我前几天去镇政府帮忙修建震坏的厨房，挣点生活费。中午回家蒸点米饭，白水煮豇豆，蘸盐吃了，继续去干；这几日我也开始做丧葬了，一般早上四五点起床，晚上 10 点才回家。

回来后，老婆和女儿已经睡了，帐篷里亮着灯，邻居有人在聊天。我躺倒在老婆身旁，翻来翻去，很久也睡不着。就拿包烟，装上打火机，出去走。

晚上 11 点后的村子很安静，路上一个人也没有，隔一百多米有一盏路灯。沿公路向南走，前面丁字路边上的收费亭也亮着灯，上空挂着个电子指示牌，红色的字滚动显示着“天气预报”和“车辆慢行”。走几丈（1 丈 =3.33 米）远，我就折回来，走几个来回。

白天是满的，只有晚上能空下来，看一眼帐篷，就开始发呆，老房子裂了，以后我们一家人到底住在哪里。

走着，熬到眼睛很涩的时候，就回去睡觉，说声“不想了”，第二天还是会想。

（源自网络：澎湃新闻，2019 年 7 月 12 日 6 时 55 分，责任编辑：赵明）

抗震安居的“新疆样本”

周　依

2004年以来，新疆地区已建成的农村安居房经受住了60多次5级以上破坏性地震的检验，无一损毁。

中国是一个多地震的国家。位于欧亚地震带中部的新疆维吾尔自治区，则是我国大陆地震活动水平最高的地区，破坏性地震频发，实现房屋抗震尤为重要。2004年起，新疆在全国率先开展抗震安居工程，截至2019年底，已完成约238万户农村安居工程建设任务，目标是2020年底基本实现农村全覆盖。

而在抗震农居的背后，从地震预报到活断层探查的各项工作，也为构建地震安全打下了坚实的基础。

从土坯房到抗震屋

家住新疆博尔塔拉蒙古自治州精河县托里镇叶里斯南也肯村的兰英英，还记得2017年8月9日6.6级地震发生时的情形：地面突然摇晃，自家房屋一下就裂了长长的口子。经过频繁演练的一家人，立刻反应过来，“地震了！”儿子赶紧把老人和孩子从屋里背出来。房子顷刻间坍塌。

那次地震中，兰英英所在的村庄是受灾最严重的村，共有113户房屋倒塌。不过村内几户按照八度抗震设防标准提前翻盖的房子，震后“一条裂缝都没有”。

新疆地震局局长张勇介绍，20世纪，新疆农村住房通常是家庭自建的土坯房，由于村民建房知识水平及自身经济实力有限，房屋建筑用材、结构等根本达不到抗震要求。

2003年2月24日，喀什地区伽师、巴楚两县交界处发生里氏6.8级地震，268人死亡，超出新中国成立以来新疆所有地震死亡人数之和，灾害损失高达十余亿元。面对严峻的地震形势和新疆农村的住房现状，2004年起，新疆在全疆范围内开展抗震安居建设工程，通过抗震加固、拆迁重建等方式，提高全区城乡住宅抗震设防水平。

震后3个月，经过恢复重建，叶里斯南也肯村村民都住上了原本靠家中种地收入无法负担的抗震安居房。一亩地的院子里，80 平方米的“三室一厅”，均采用钢筋混凝土材料和抗震结构。

“农村安居工程由政府提供资金补助和建房设计图纸，目前补助金额最低每户 2.85 万元。同时派专人指导监工，一旦不合格就推掉重来，保证房屋满足抗震设防标准。”张勇介绍。

截至 2018 年底，新疆已完成约 238 万户农村安居工程建设任务，2019 年将再实施 30 万户工程建设任务，力争到 2020 年底基本实现全自治区农村安居房全覆盖。2004 年以来，已建成的农村安居房经受住了 60 多次 5 级以上破坏性地震的检验，无一损毁。

2018 年 10 月，精河发生 5.4 级地震，兰英英再次感到震感，但房子“毫发无损”，“这下心里不害怕了。”

探明活断层 为造房子“避雷”

防震减灾工作的关键词是“地下搞清楚，地上建结实”，很多情况下，搞清楚地下，才能确保建结实。

根据第五代《中国地震动参数区划图》，全疆 94 个县市（区）中，抗震设防烈度在八度以上的为 69 个，约占全疆所有县市（区）的 73%。新疆防御自然灾害研究所所长胡伟华说，新疆地震灾害频发且发生的地点非常分散，全疆各地州市均发生过 6 级以上地震，但仍有规律可

叶里斯南也肯村村民兰英英站在自家新建的抗震安居房前　《新京报》记者 周依 摄

循——7 级以上地震都发生在已知的活动断层带上。

2017 年精河 6.6 级地震就发生在北天山山前断层带，离断层带最近的正是叶里斯南也肯村。“如果先把断层带查明，建房时避开就可以有效防震，对后面的地震灾害也能做到心中有数。”

这些“已知”的背后，是地震人数十年的探索。新疆防御自然灾害研究所研究员柏美祥随同丁国瑜院士等，从 20 世纪 80 年代开始从事富蕴地震断裂带研究。

1931 年，新疆阿尔泰山区发生富蕴 8 级地震，在大地上造成的 176 千米长的“裂痕”，于 20 世纪 80 年代一次修水电站的工程时被发现。柏美祥团队来到震中，为眼前的景象震撼：最大的错动左右拉开了 14 米左右，塌陷区最深的地方有 60 多米深。“我们的工作就是从地质角度研究，地震为什么在这里发生，破坏到什么程度，断层是不是仍在活动，为推测这个地方在百年内可能会发生多大地震提供依据。”最终，他们用 5 年时间摸清了此次发震的新疆可可托海—二台活动断裂带，绘制出详细的地震断裂分布图。

随后，新疆防御自然灾害研究所完成了阿尔金断层、可可托海—二台断层和北天山山前逆断层褶皱带填图，乌鲁木齐城市活断层 1∶1 万填图等一系列研究工作。近年来，还发现了 13 条全新世活动断层，包括 5 条历史地震地表破裂带，并对 26 条全新世活动断层进行了详细勘测。目前，新疆共计 206 条活动断层，已完成详细勘测的活动断层主要针对人口密集区域，约占三分之一。

探明活断层，还可为重大工程选址和抗震设防标准提供重要参考。“例如正在修建中的青海省格尔木市到新疆巴州库尔勒市的铁路，我们就会对工程开展地震安全性评价，避开活动断层，提供相关设计参数。”胡伟华说。

一次避免人员死亡的短期预报

为了摸清地震的“脾气”，新疆还做了更多努力。

叶里斯南也肯村村支书马金生回忆，地震前两个月，精河县地震局干部带领全村进行地震演练和培训。“震前就知道可能会发生地震，只是不知道哪天。”

新疆地震局预报中心研究员高国英说，这是一次成功的地震短期预报。地震短期预报，是指对 3 个月内将要发生地震的时间、地点、震级的预报。

2017 年 5 月，精河县地震局前兆监测仪器显示的信息出现了短临异常特征。经过研判分析，5 月 26 日，新疆地震局向自治区政府汇报新疆近期震情工作时提出，2017 年下半年北天山存在发生 6 级左右地震的可能。精河县地震局向县政府汇报，提出可能存在严重地震形势，对重点区应采取预防措施。县政府随即布置了各乡镇开展地震应急演练。

2017 年 6 月起，县政府在包含极震区在内的乡镇开展了地震应急演练、隐患排查等应急准备工作。最终，8 月 9 日地震发生后，尽管房屋损毁严重，但未造成 1 人死亡。

高国英介绍，新疆地震局预报中心在多次中强地震前做出不同程度的中短期（临）预测预报，但更多是在一次次失败中求索。

2003 年巴楚—伽师 6.8 级地震前，新疆地震局根据地震活动、前兆异常做出了一定程度的中短期预测，强度和时间判定较为准确，但地点判定存在偏差。“地震发生在 2 月 24 日早上 10 点，赶去现场的同事下午打电话报告说这次地震已经造成 200 多人死亡，我一下子眼泪哗哗地往下流。非常内疚。”高国英说，这进一步体现出地震预报的难度所在，直到现在它仍然是一个世界性难题。

“防震减灾工作就是‘地下搞清楚，地上建结实’，地下搞清楚还有很长的路要走，现在先把房子造好才是预防和减轻地震灾害的关键。”高国英说。

（来源：2019-09-05《新京报》，记者：周依，编辑：张畅）

唐山，一座城、一个地震的往事永续流传

邓禹仁

（2016年）7月27日晚间，记者一行来到唐山抗震纪念碑前，前来寄托哀思的各地民众络绎不绝。在现场，有的市民从27日晚直至当年大地震发生的时间，一直静静地守候在纪念碑前。他们手捧寄托哀思的鲜花，鞠躬默哀，将一支支蜡烛放在碑前，夜色中伴着烛光，涅槃重生的凤凰城愈加庄严肃穆。曾经驻扎在唐山的“空六军”约400名老兵专程赶回来，通过老兵回忆，把这份跨越40年的挂念带到唐山。1976年7月28日凌晨3时42分，是铭刻在中国人

震后的开滦矿务局十七村直属机关俱乐部 （安徽省地震局提供）

记忆中的“黑色”数字。唐山遭遇7.8级强地震，百年工业重镇夷为废墟，24万余人罹难，16万余人重伤。

钱钢在他的长篇报告文学《唐山大地震》中写道：本书所记录的历史事实，时而被人淡忘，时而又被突然提起。被淡忘的日子，它本应被记忆；而被突然提起，却每每在不忍回首之时。

今年7月28日，唐山大地震迎来40周年，中新社记者再次走进这座涅槃重生的凤凰城，寻找城市记忆的记录者，感受他们心中的“不能忘却”。

在步入耄耋之年的常青看来,7月28日是唐山的祭日，也是重生的日子。突如其来的地震，让这座中国近代工业摇篮瞬间变成废墟。从部队转业的常青从废墟中扒出相机，开始用镜头聚焦震后唐山。

老人一直不认为自己是合格的记录者——他的照片中几乎没有一张遇难者。他哽咽地说，当时雨后废墟下“流出的雨水都是红色的”，他按不下快门……

从百年老矿开滦集团到京津冀协同发展的战略核心区曹妃甸，从抗震纪念碑广场到唐山世园会……40年间，常青用两万张照片记录了这座城市的涅槃。

他还用4张以抗震纪念碑为背景、以震后10年为节点的照片，串起了城市记忆：第一张里有简易房，寓意重生的唐山刚站起来，百废待兴；第二张有花房，是唐山走出了地震，正奔小康；第三张有朝霞，是飞速发展的唐山，前景美好；第四张有巨龙风筝，象征转型后的唐山正走向世界，实现腾飞。

常青感慨：作为“震漏”，忠实记录城市是对24万多遇难同胞的祭奠，希望照片能让那段历史更清晰，背后的抗震精神让未来人们前行更有力。

震后很长一段时间，轮椅上的姚翠芹仍然无法走出阴影。她和常青一样，曾经也是一名军人。

地震，让她成了这座城市遗留下的3817名截瘫者中的一员。那时她忍痛向恋人提出分手，“一点点儿活”。

目睹癌症患者离去前顽强生活的经历，让她重新“以人活着的姿态面对生”，至今已出版4本地震内容相关散文集。书中她写道：“‘七·二八’既是我的蒙难日，又是我的再生日。”

花甲之年的姚翠芹告诉记者，地震给了唐山人特殊的记忆和精神。如今，倒下的唐山早已站了起来，这份记忆和精神也不应被遗忘。

她坚持写书，就是希望以地震幸存者身份，给城市留下些有用的记忆。

已经离世的抗震英雄李玉林，仍会被市民时常提起。震后他与工友飞车进京，成了把灾情驰报中南海的第一人。他回来才得知，父母等14位亲人在地震中遇难。

他的妻子孟庆芬说，这成了李玉林一生中的痛，每一次提及地震他都会心痛、流泪。

地震后的前30年，李玉林到各地做地震报告983场次，宣传唐山抗震精神。妻子回忆道：

他活着时经常说，时间或许会淡忘历史，精神却能书写永恒。

谈及地震带来的痛苦，从事教育工作的赵以松说，这是常人难以理解的。因为那份记忆“实在太痛苦”，有时他甚至想忘记，却无法忘记。

地震中，新买的立柜让他的家人幸免于难，而居住的 40 人大院只剩下了 16 人。他说，灾难面前所凝聚成的抗震精神，也成了他们那个时代人特有的记忆。

地震 30 周年时，赵以松重拾画笔，主动“走进”那段痛苦记忆，用画画方式讲述抗震救灾历史。

他坦言，创作过程很痛苦，有时画着画着就哭了。也曾想放弃，后来听到一些年轻人对此并不是很了解，“硬”坚持了下来。

如今，用 94 张连环画连起的唐山抗震记忆早已合集出版，最后一张画旁，赵以松写道：今天，我手捧鲜花来到纪念碑前，聊尽慎终追远的悼念之忱。

28 日清晨，许多唐山市民自发来到抗震纪念碑广场祭奠。镌刻的碑文记载下那段悲痛历史：数秒之内，百年城市建设夷为墟土，24 万多城乡居民殁于瓦砾，16 万多人顿成伤残……

碑文主要撰写者戴连第说，文章不仅是悼念亲人的祭文，更是在悼念所有地震中罹难的唐山“亲人”。40 年了，人们应该淡忘伤痛，留存精神。

如碑文所书：自 1979 年，唐山建设全面展开……今日唐山，如劫后再生之凤凰，奋翅于冀东之沃野。

从 2004 年起，唐山经济总量一直高居河北 11 地市之首。“90 后”唐山籍大学生么心悦深刻感受着唐山的飞速发展，她很多同学的家里富了，私家车也多了。

今年，么心悦等 11 名唐山籍大学生对地震亲历者们的生活进行了调研。她说，唐山百折不挠、勇往直前的抗震精神让人震撼，她们要记住、传承，用精神激励前行。

（来源：中新社唐山 2016 年 7 月 28 日电，原标题：一座城市的生命记忆。中新社记者，鲁达　陈林）

“地震迷”之家在唐山大地震中幸免于难

邓禹仁

在1976年唐山7.8级大地震中，有一位杨同志，他自1968年就热心投入地震事业，人们称他“地震迷”。唐山地震前，他被派往干校学习。临行前，他跟爱人郑重地打了招呼，要注意地震。

说起这次地震，他便滔滔不绝地讲了以下真实情景：

我家住路南区和平路，位于震中区。全家七口人，地震时，除父亲上夜班，我在范各庄外，我爱人和奶奶同三个孩子全在家。我们住的是一幢（20世纪）40年代建的木砖结构的二层楼，楼上楼下各三间。

我爱人是个医生，可能由于我平时对她的宣传和离家前的提醒吧，她在震前的瞬时，非常机警地发现了天空出奇得洁白明亮。她意识到要地震，便毫不犹豫从床上蹦下来向外跑，身边的二女儿被惊醒也起身跟着往外跑，正值下楼梯时，一种令人恐惧的“隆隆”雷轰般响声上下左右连成一片，楼房似一叶小舟在大海中遇到台风，前浮后沉，上下簸荡。等她快到楼门口时，楼房被震倒了，木梁轰轰隆隆地落下来，发出咯嘣咯嘣的断裂声，砖、瓦、水泥块子，便像冰雹似的，劈劈啪啪地打了下来。顿时，我爱人身边挤满了碎砖乱瓦，她用全力去推砖石、瓦块，可身子像被绳子缠起来样，动弹不得。三女儿被甩到床下。大女儿压在大衣柜下，被压碎的两个木箱夹住，锋利的断木尖刺进了她的胸背，碎石的锐角和断木的锈钉扎在她身上、手上，划出了道道血痕，肋骨骨折，只要一动，就钻心的剧痛。她疼痛难忍地连声喊叫。我爱人严厉地大声告诫她：“不要轻易呼救、乱叫！要保存力量！”并指令孩子们和老人在头前、胸前用手扒开通风的洞口，听见外面有人时再喊救人。即便这样，大女儿还总要喊叫、呻吟！我爱人威胁似地向她讲：“要坚持。否则，喊得越凶，死得越快！”就这样，她们五人在废墟堆中一小时一小时地坚持着…

地震当天下午，我离开干校徒步急回唐山。行至开平附近时，滦县7.1级地震又火上加油般地袭来，大地好似要翻个，行人如喝醉酒似的，头晕眼花，骑车的人摔倒了趴在地上，久久不能站立起来。一排排笔直高大的白杨树扫帚般地来回拍打着大地。我有意顺势在地面起伏的波浪中随波荡漾，真如同滑板运动员在波翻浪涌中前进！我估计，波长约有四五十米长，波峰四五十厘米高。似乎东西方向力量大，南北方向力量弱。远处，股股烟尘腾空而起，那是一座座被震倒的建筑物掀起烟尘。

进入市区，目睹凄惨情景，我有点克制不住自己了，头脑有些发胀，脚步也有些零乱。

晚上 10 点钟左右，走进我家所在的胡同，一个我有所预料但又不敢承认的噩耗传来——有人告诉我，全家都砸死了！我给愣住了，眼睛呆直地望着那堆庞杂零乱的废墟，两腿酥软地蹲下来。夜，渐渐深了。我朦朦胧胧地胡思乱想着，不知不觉地到了五点钟（7 月 29 日），一个突然闪现在脑海的念头又重新点燃起我心中希望的火花——应该趴下呼叫，耳朵贴在地面，才好听见下面的声音。我急促地喊叫："里边有人吗？

"我们都被压住了，还都活着呢！"我爱人的回答声。

我喜出望外地赶紧到外边找了一人帮忙。此时此刻，我真正认识到了时间的份量和价值。我俩又快又轻地搬开碎木乱石，扒开灰土和水泥块，先挖出了我爱人和二姑娘。再一个一个地用手扒挖，直到晚上 8 点才最后把我母亲挖出来。

被压埋了整整 40 个小时的老人一被抬出来，就干渴得要水喝。我爱人明白，现在马上一喝水就有死的危险。她用棉毛巾蘸着水湿润老人的嘴皮，过一小时后才给喝了水。我爱人用简易办法给受伤的孩子们做了处理。我们全家得救了，团圆地过起了震后的帐篷生活！

（资料源自《唐山地震之谜》）

汉川地震中生命日记

马泰泉

一、转场汉旺——生命大营救

（2008年）5月13日15时，国家救援队火速赶往绵竹汉旺镇救援，那里的东方汽轮厂和东汽中学灾情惨重，废墟里埋压着“国宝级”的专家、科研人员和大批学生。此前，国家救援队已在都江堰中医院、新建小学、聚源中学共营救出25名幸存者。

德阳东汽厂

是夜，凄雨潇潇，救援队于当晚23点30分到达汉旺镇，立即兵分两路赶赴东方汽轮机厂和东汽中学实施救援。这支由第38集团军和武警总医院挑选出来的精兵骁勇组建的地震专业救援队伍，是温家宝总理亲自授旗成立的。七年来多次参加国内外地震灾害救援任务，立下了赫赫战功。

5 月 14 日 0 时，救援队开始了对东方汽轮机厂叶片分厂办公楼的搜救行动。一夜未眠的温家宝总理对大家说："你们是专业队，你们赶快救人吧。""刘海波副厂长是国家级重要专家，你们一定要把他救出来。"

救援队总工程师曲国胜与叶片分厂技术人员，勾画了整个 4 层办公楼倒塌前的结构图和震前人员办公分布图。据了解，地震时在办公楼中间的会议室有二十几名专家正在开会，只有几个人跑了出来，其余全部被压埋在废墟下。此时还能听见废墟里受困者的呼救声和余震后水泥板块往下掉落的声响。站在一旁的厂领导和家属焦急地催促着、注视着。

救援队员卢杰先独自一人钻进废墟勘查，发现刘海波的身体被两块交错的楼板压住，并且与其他几位受困者或遇难者的腿盘压在一起，无法辨认生死。这种惨景，卢杰在伊朗巴姆地震和印度尼西亚地震海啸救援时从未见到过。在狭小、昏暗的空间里，卢杰提出将两块楼板捆绑吊起的营救方案，立刻得到现场指挥员的认可。吊车马上启动，这时，受困者中传出一声呼喊："快把我的腿锯掉，让我出去……"正是刘海波的声音。

队员魏清风也钻了进来，配合卢杰挤进尸体和受困者中间，在废墟下摸索着那些腿辨认：你有感觉吗？没有应声。再摸，有感觉吗？有感觉吗？……两个队员一遍又一遍地询问着。"有感觉，这是我的腿，锯吧，锯吧……"已经没有力气了。

五个小时过去了，在场所有的人都屏住呼吸，静静地等待。随着吊车把压在刘海波身上的楼板一厘米一厘米慢慢吊升，卢杰和魏清风决定将遇难者和受困者一起移动："一、二、三，一、二、三。"二人一起小声喊着，慢慢地向外挪动，受困者的腿被安全地移出来了。刘海波在没有受到任何二次伤害的情况下成功获救。

救护车把刘海波刚送走，一位家属就跑到卢杰跟前拉住他的手说。"赶快救救他吧，他和几个人在里面压着，还活着，还活……"厂领导对这位家属说："别着急，他们是国家救援队，他们已救了六个小时没休息，没喝口水了。"

何止六个小时，从发生地震到现在，队员们已经两天两夜没吃过热饭、没合过眼了。搜救仍在紧张地进行。三个小时后，第二名受困者被救了出来。接着，第三名、第四名、第五名……直到第二天凌晨，经过近 40 个小时的连续奋战，又成功救出高级工程师袁晓阳等 3 名国家级专家和 8 名技术人员。

与此同时，国家救援队另一支分队在东汽中学连续奋战 30 多个小时营救出魏玲等 7 名幸存学生后，又听见废墟下有微弱的呼救声，救援队员向呼救的位置靠近，确定受困者位于废墟 2 米以下。经仔细勘查，为避免给受困者带来二次伤害，决定从侧面凿开营救通道。在王念法、张健强、何宏卫等队员轮番作业下，高 50 厘米、宽 40 厘米的营救通道不断延伸，终于看见了受困者——废墟死死地压着他的右臂，在随队医生给他输上葡萄糖液体后，队员王念法边清理瓦砾边和他聊天，得知他叫薛枭，是高二学生。

“叔叔，我口渴，想喝水。”薛枭说。

“别急，再坚持一会儿，等你出来了，叔叔给你买可乐喝，还是大瓶的，行吗？”王念法说。

“行，最好是冰冻的。”

疲惫的王念法被薛枭的话逗乐了。

薛枭说：“叔叔，我隔壁还有一名学生，她叫马小凤，我们隔着根梁，我有好几次想睡觉，都被她制止了，她不让我睡，怕我睡着再也醒不来了，当我犯困时，她就给我唱歌。”

王念法与张健强、何宏卫等队员商量后，决定另开通道营救马小凤，与薛枭同时实施营救。当营救通道接近打通，可以看见马小凤时，一段感人的对话又让王念法这个山东汉子眼睛湿润了。

“我们救薛枭时你为什么不呼救？”

“我没有受伤，我的空间比他大，薛枭受伤比较重，我不想在你们营救时打扰你们。”

“你周围是什么情况？”

“我周围是课桌。”

“好，你别急，叔叔一定救你出来！”

“谢谢叔叔。”

王念法趴在通道里艰难地清理着瓦砾，他头顶上有预制板压着的尸体，右侧是预制板挤着的尸体，身子下面是遇难者被挤压出来的鲜血。

通道终于打通了，王念法和队友立刻架好扩张器，对楼板实施强行扩张。在汶川大地震发生 80 个小时后的 5 月 15 日 22 时 28 分和 23 时 03 分，马小凤和薛枭分别被营救出来。马小凤从担架上跳下的画面、当“可乐男孩”薛枭在担架上说“叔叔给我可乐，要冰冻的”的画面通过电视屏幕传向四面八方，他们的乐观感染了全中国。

二、驰援映秀——双臂凝固的生命之碑

5 月 15 日上午，国家救援队接到增援汶川映秀镇指令后，立即派出 40 人小分队携带 4 条搜索犬和轻型救援装备在成都凤凰机场乘直升机紧急起飞，赶往震中映秀。

最先到达映秀的是成都军区和武警部队派出的两支“敢死队”，那是 5 月 13 日凌晨时分。但当时他们并不知道这里竟是汶川大地震的震中，昔日祥和温馨、游人如织的古镇，今日成了阴森恐怖的死亡之谷！他们无法携带大型救援设备进来，他们甚至连简单的挖掘工具都没有，只有随身携带的部分短锹和镐之类的轻型工具，眼睁睁看着被埋压在废墟里的孩子在里面喊

“叔叔快来救我，我们等着哩”，可他没说些安慰和鼓励的话，心里都十分清楚，仅凭这一双双赤手空拳是救不出更多孩子们的。“映秀灾情惨重，急需救援队伍”——他们迅速将这一消息反馈到指挥部。5 月 14 日下午，携带专业救援设备的上海消防总队接到命令，立即抽调 20 名官兵组成突击小队搭乘直升机在映秀镇降落，实施紧急救援。

国家救援队赶到时，映秀镇已汇集了几十支救援队伍和志愿者，善于攻坚的国家救援队即刻派出技术骨干和搜索犬为上海、山东、江西等消防队提供幸存人员搜索定位、营救方案等技术指导。据上海消防总队特勤支队姜亦山中校和士官周庆阳讲述：映秀小学是受灾最惨重、人员伤亡最多的地方之一，唯独学校的旗杆没倒，房屋全部垮塌。地震时，数百名师生正在教学楼里上课，很多孩子都跑出来逃生，但随着一声巨响，教学楼轰然倒塌，绝大部分逃生的师生都被埋在了楼梯和走廊里。虽然映秀镇的百姓和先期到达的部队已经进行了搜救，救出了一些孩子，但仍有三百多人生死不明，直到现在许多家长还在废墟上悲惨喊叫……

从当初的自救到现在配合救援队搜救，映秀小学校长谭国强和体育老师刘忠能一直没有离开。这位浑身沾满血迹和尘垢的校长，至今未得到亲人的一点消息，他对“凶多吉少”这个词已经很淡定了。

“学校学生有多少？”

“773 个。”

“老师有多少？”

“47 个。”

“现在还有多少没找到？”

“我们初步统计，还有 260 多个学生失踪，老师 22 个。”

地震发生的那一刻，刘忠能正带着两个班的同学上体育课，他和学生才幸免于难。刘忠能眼睁睁看着离自己 20 米远的家属楼轰然垮塌，他妻子和刚满 5 岁的孩子被埋在废墟中。刘忠能的妻子是学校英语老师，他们二人从相识到相爱一直在映秀生活了十二年，把儿子培养成才是他们最大的愿望，可是眼下，他的妻子和孩子就这样一下子在眼前消失了。

这是救援队在与他们交谈时了解到的情况。

雨一直下着，天崩地裂震起的厚厚尘土已被连日的雨水冲入了浑浊而湍急的岷江。虽然交通、通信中断，各种大型救援设备仍无法进入映秀，但震中的映秀不再孤立无援，废墟上挖出的一个个凹洞见证了一个个生命奇迹的诞生。

此刻，国家救援队分队领导刘向阳（副总队长）、周敏的心情依然十分沉重：废墟下一定还有幸存者，只要有一线希望，我们决不放弃！因为我们是国家救援队！

经询问和搜索，发现有名幸存者被埋压在废墟底层，入口被周围 4 米多高的废墟团团包围，已有救援人员在此清理过，因难度太大放弃了。刘向阳下命令道：“卢杰！”

“到！”卢杰大步跨了过来。

“上！”

“是！”

这个被称作“九头鸟湖北佬”的卢杰毅然一马当先钻进废墟“侦察”。山体滑坡隆隆作响，他脸贴在地面上匍匐爬进4米多深的废墟底层，发现幸存者的左腿上压着水泥板，只要动一点，楼板就往下沉。经过询问，幸存者意识清醒。卢杰建议采用支撑和开凿方式同时进行营救。

在救援中有时是一根手指长的钢筋被剪断，一块鸡蛋大的水泥块被取出来都是进度的标准。3个多小时的轮番作业，用锤子一点一点地把水泥板压脚部分敲碎，15日晚上7点58分，几位队员撑起双臂顶住摇摇欲坠的楼板，筑起一道血肉铜墙——女教师董晓红得救了！

董晓红的哥哥从电视上得知妹妹获救的消息，第二天专程赶到救援队营地，长跪在队员面前热泪盈眶地说：“感谢共产党，感谢亲人救援队，有共产党就有饭吃，有你们就有命啊！你们才是真正的千手观音！”

与此同时，上海消防特勤支队在学校废墟的另一处救出一个小女孩之后，又发现了一个小女孩，她声音很微弱地在喊：“叔叔救救我，救救我！……”这时已经十分疲惫的士官周庆阳恨不得自己再长出几双手该多好啊！他安慰着小女孩：“小妹妹，我们一定会把你救出来，你一定要坚持住！”

但是，小女孩的双腿被四层预制板死死压在下面。唯一能救活她的方案就是截肢。这个残酷的现实让周庆阳和队员们无法接受。周庆阳流着泪几乎是在乞求地说：“既然我们来是拯救生命，就要给她一个完整的身体，所以我们决不放弃！”

通过交谈，队员们知道了她的名字：张春梅。

她渴了，要喝水。周庆阳就把一瓶营养水送到她嘴边喂她。周庆阳问：“小妹妹，你感觉腿痛不痛？”。小春梅说：“痛，叔叔快救我啊。”周庆阳听到这句话，知道了她的腿还没有坏死，更坚定了要完整地救出小春梅的信心。

天黑了，夜里不能再挖了，队员们和成都军区的医务人员就守在小春梅身边，找来衣物盖在她的上半身，用一块棉褥垫在她的头下，为使她不要睡过去，就轮流跟她聊天。这时校长谭国强也来了，他说小春梅的全家都遇难了，她家住在一个山腰上，整个村子都被山体滑坡埋掉了……

天亮了，抢挖营救小春梅的行动在国家救援队结构专家的指导下继续进行。经过长达22小时的排险、抢挖和营救，在救出小春梅的那一刻，同样是这种举动——几位队员撑起双臂顶住随时坠落的楼板，筑起一道血肉铜墙——小春梅得救了！

周庆阳说，令人难忘的是小春梅那眼神：“她看着我们的时候，是一种很乞求的眼神，很希望我们把她救出来的那种眼神，又是很坚强很有信心的眼神。”

周庆阳后来对笔者说：“这个小女孩很漂亮，一双眼睛特别大，我这一辈子都会记住这双眼睛。”

救出小春梅之后，国家救援队又先后营救出 4 名幸存者。

听谭国强和刘忠能讲，在救援队开进来之前，映秀镇的群众已展开了自救，当人们徒手搬开垮塌的教学楼的一角时，被眼前的一幕惊呆了：一名男子跪扑在废墟上，双臂紧紧搂着两个孩子，像一只展翅欲飞的雄鹰。两个孩子还活着，而“雄鹰”已经气绝！由于紧抱孩子的手臂已经僵硬，救援人员只得含泪将其手臂锯掉才把孩子救出……这只双臂凝固的断翅雄鹰就是映秀小学二年级年仅 29 岁的教师张米亚。他的妻子邓霞和唯一的 3 岁儿子也在地震中遇难。

谭国强、刘忠能说，每当看到救援队员挺起双臂撑顶住废墟楼板营救出一个个幸存者时，我们就想到了张米亚，就看到了一种令人仰视的惊天地泣鬼神的崇高！

崇高不等于高贵，却包含了高贵。高贵往往是看得见摸得着的，是伴之以权力、地位、名望和宝马轻裘、豪华富贵等物质属性的；而崇高是无形的，是属于精神范畴，但在地动山摇的那个瞬间，在与死神争夺生命的那一时刻，我们真真切切地看到了、也理解了什么叫崇高。千千万万张脸上为什么流着热泪，看到了那是高高矗立的生命之碑！

此时此刻的映秀，坚强和坚守依然是她的主调。强忍着失去亲人的悲痛，谭国强和刘忠能依然站好最后一班岗。而更多的学生家长则选择在这里长时间默默注视。只要救援队在废墟里挖一天，他们就在这里等一天……

三、挺进北川——死亡之谷的最后救赎

5 月 16 日 16 时 10 分，国家救援队主力分队到达重灾区北川县。17 日和 18 日，救援队分成 2 个分队 6 个小组，徒步进入北川县城新城区展开拉网式搜索。

北川，时间并没有在大难降临的那一刻凝固。在数万大军和救援队向北川开进的途中，已被越来越凄惨悲怆的气氛笼罩：烟尘纷飞，尸横遍野，到处是逃出来的灾民，他们满面尘灰，他们疲惫不堪，他们对随时滚落下来的飞石和面对的死亡已经熟视无睹几近麻木。到达这座城市之后，余震还在改变着它的模样，整个县城已经变成一个巨大的瓦砾场，仅剩的没有倒下的寥寥几座楼房也是摇摇欲坠。而位于县城几里之外的北川中学，是死亡惨重的第一现场，也是最早展开营救的唯一可以到达的救援现场。

随着时间的推移，发现幸存者的可能性越来越小，国家救援队两天来的搜索排查，只在北川税务招待所发现并营救出一位深度昏迷的老人。还有没有可能发现幸存者？又调来几只搜救

犬，进行仔细搜索，没有发现幸存者，生命探测仪也没有任何生命迹象的显示。

然而，灾难中的北川仍在沉吟滴血，人们为那些随处可见的惨状而伤心：一只伤残的小狗守候在主人被埋的废墟旁，一位父亲站在废墟上仍在毫无力气地哀叫，不分昼夜地守护着，徒劳地哭喊着孩子的名字……

废墟中的北川，人们为那些永远凝固的姿势而流泪：在县城小河街的一块巨石下，一个男子的躯体呈弓形死死地护着底下的女子，女子紧抱男子，两具遗体无法拆散，只好一起下葬；在一处坍塌的民宅，救援队员奋力挖掘，猛然，令人震惊的一幕出现：一个年轻的妈妈怀里紧抱着婴儿，她低着头，一只手紧撑着块楼板，早已停止了呼吸，而怀里的婴儿依然含乳沉睡……

在北川中学出现了更令人惊心动魄的生死一幕：张宜春老师双臂撑开护在课桌上，这个动作让 4 名学生活了下来——这个动作不禁让人想到用双臂紧搂着两个孩子的张米亚；想到伸开双臂护着课桌下 4 个学生的谭千秋；想到挺直脊梁用自己的双臂撑住变形门框喝令学生快逃生的曾长友；想到北川邓家岩牛汉小学 483 名学生一个都没有少，9 名老师带领 71 名学生徒步到达绵阳无一死亡；想到安县桑枣中学校长叶志平和全校 2300 多名师生全部集合在操场上……相形之下，也不禁让人想到那个“哪怕是我的母亲我也不会管的”都江堰光亚学校教师“范跑跑”（后来人们说，不要再叫他“范跑跑”了，还叫他的名字范美忠吧），对此，人们的回答是：人可以不崇高，但不能允许无耻！再看看那些已凝固的伸开着的双臂，那些虽然无回天之力的双臂，他们在那个生死瞬间是怎么想的，有没有与日月同辉的思想火炬，有没有振聋发聩的豪言壮语，他们永远不会回答了，但是苍天有眼，他们的双臂犹如夜幕下的火炬，在人类思想的天空伸张，成为永恒的舞蹈。

5 月 18 日 9 时 10 分，海南省救援队传来一个令人振奋的消息：该救援队自 5 月 14 日抵北川，在部队救援队李虎等队员配合下，先后成功救出小李月、杨露等 19 名幸存者之后，又在北川县人民医院救出了被埋压 139 小时的内科医生唐雄。看到丈夫被救出来的谢守菊竟抱着指挥长牟光迅（海南省地震局局长）激动得哭喊：“奇迹，真是奇迹！谢谢救命恩人啊！”

这天深夜 11 点，国家救援队召开会议，领队张明、队长王洪国再次研究部署搜救任务，决定将重点放到有水源有食物，幸存者的存活概率较大的场所展开排查：只要有一点可能，我们就绝不放弃！

这是一种拯救生命的赌注！

5 月 19 日清晨，奇迹出现了，王健伟带领的搜救小组在菜市场周围的废墟中进行反复搜索时，突然，搜救犬“汪汪”地叫了起来。队员们马上进行定位查看，听到废墟中一个夹缝里传来轻微的敲击声，终于发现了一名幸存者。

这是一位 61 岁的大妈，名叫李明翠。她已经很虚弱，她说她被压着，动弹不得。

队员们就向她喊话："大妈，别害怕，我们是国家救援队，一定把你救出来！"

队长王洪国闻讯跑来了，立即制定营救方案，清理压在大妈周围的楼板断层和碎石块。随行的医疗队员张谦和张艳君已在一旁做好了抢救准备。

5月19日10时42分，在地震发生164个小时后，李明翠老人以61岁的生命奇迹从废墟里诞生！

同日，在北川电厂的废墟里，上海消防特勤支队也在与死神进行着最后的较量。他们生死相搏，是为了一个人，这个人在废墟中等待救援已经170多个小时。一个正常人在缺食缺水条件下的生命极限是5天，他都在已经断水断粮6天6夜之后才被救援队发现，他的名字叫马元江。

马元江，31岁，是北川电厂的职工。5月12日地震发生时他正在电厂二楼会议室开会，来不及躲也来不及逃，8层楼房瞬间垮下，马元江被压在了深达数米的地面之下。因埋压的位置太深，救援队几次用生命探测仪都没有发现他……废墟里暗无天日，没有水没有食物，就连雨水也浸透不下去。马元江除了与同事的尸体相伴以外，就是与被掩埋在上一层楼的女同志虞锦华聊天对话。5月17日，虞锦华获救，由于她的一条腿已经坏死，医生给她当场做了截肢手术才把她救出。手术前虞锦华告诉救援队，在她的下面还有一个活着的人，是她的同事马元江。与此同时，马元江也听到了救援队的声音，他拼尽全力呼喊，为的是让救援队知道他的准确位置。

救援队很快调来了吊车。但他上面是6层楼板压着，如果用重型工程机械一层一层把压在马元江身上的水泥构件全部搬走，粗略估算也要两天时间，这对于已在死亡边缘徘徊许久的人来说意味着什么，救援队员们都很清楚。商量之后，他们决定采用第二种方案：冒险打洞。在此后一天一夜的营救中，连续不断的大小余震，让队员们和马元江同时身临绝境。尤其是5月19日晚上，四川电视台播出的将有6～7级强余震的警报，更是让所有的人联想到一个词：放弃。

特勤队队长丁夏富大校说："我们面临的这种压力可想而知，在现场营救的队员们并不知道这个警报，我们不愿影响他们的情绪，只是一再叮嘱他们随时警惕余震造成的坍塌。"

在现场指挥的姜亦山中校说："这是生死一搏。马元江的妻子和所有人的目光，都眼睁睁地看着我们，没法半途而废。"

时间在一分一秒地流逝，队员们用了几个小时打通了一个十几米的坑道，终于隐约看到了马元江的身影，他也睁着眼睛看队员从哪里打开出口。在这之前救出虞锦华截肢后留下的一条腿已经腐烂，他们就用酒来进行消毒，用一个塑料布把腿包住，周围洒了好多酒。

马元江嗅到了酒味说："这酒的味道好香啊！"

士官周庆阳就对他说："马师博，你一定要坚持住，等把你救出来，你一定要请我们喝酒啊！"

马元江说："一定请，一定请，我要答谢你们的救命之恩！"

5月20日凌晨3时26分，汶川大地震发生179个小时后，救援队救出的最后一名幸存者马元江成功获救！

…………

国家救援队撤出北川到达绵阳时，队员王念法突然接到一个电话，是救出的学生马小凤打来的，她说："叔叔，我好想你……"

王念法两眼热泪，再也强忍不住，流淌下来……

（摘录自《中国大地震》P375 ~ 383）

减灾文化说

同自然灾害抗争是人类生存发展的永恒课题。要更加自觉地处理好人和自然的关系，正确处理防灾减灾救灾和经济社会发展的关系，不断从抵御各种自然灾害的实践中总结经验。我国在五千多年的文明发展史中，在与地震等诸多自然灾害斗争的进程中，积累了优秀的防灾减灾文化传统，奠定了优良的防震减灾文化基因。新中国成立后，先后经历了河北邢台、辽宁海城、河北唐山、青海玉树、四川汶川等重、特大地震的考验，形成了中国特色防震减灾文化，孕育了伟大的抗震救灾精神。本篇辑录了金磊先生的《灾后重建中的文化与建筑思考》等几篇文章，冀望能够引起读者对防震减灾软实力研究的兴趣，助力防震减灾文化建设。

灾后重建中的文化与建筑思考

金 磊

以建筑与文化的名义纪念汶川“5 · 12”地震10周年是个大题目，令人联想并思考的问题很多。地震后，汶川瞬间成为全世界关注的“热点”。如今，面对美丽的新汶川城市建设新貌，每位参与灾后重建的建筑师、规划师乃至文博专家，都会对此充满敬畏。因此，以建筑与文化的名义纪念汶川“5 · 12”地震10周年显得十分必要。以物质与非物质的建筑与文化之名对“5 · 12”灾后重建再审视，用一个新的视角，去认识城市建设防灾减灾安全设计问题，感悟一个个与灾后重建密切相关的“故事”，是本文的主旨。

一、灾害纪念建筑之思考

俄国大作家果戈理有句名言：“建筑是时代的纪念碑。”利用建筑的基本特性塑造空间、形象、跨越时代的可能性便创造了不同形式的纪念建筑，有牌形（碑）、柱形（华表、幢、石柱）、门形（阙、牌楼、凯旋门）、墙形（纪念壁）、墓冢形乃至石兽、雕塑像等纪念性法式。所以说，纪念建筑以技术与物质手段创造着思想与精神文化的产物。鉴于纪念建筑隶属一定的哲学范畴，就有古埃及的方尖碑源于对太阳神的崇拜，金字塔将人逝后灵魂永生，所以为保护尸体而建；中国的多种佛塔就将窣堵波缩小为“刹”，作为塔顶。纪念建筑的象征性很重要，需通过象征手法表现纪念主题，纪念建筑尤其要注重主题构思，无论是祭奠性、表彰性、歌颂性乃至记史性的都要清晰有别，如武汉的抗洪纪念塔及哈尔滨的防汛纪念塔都是带有明朗、蓬勃、雄壮的歌颂性类纪念建筑，1986年唐山大地震10周年建成的唐山抗震纪念碑也创造了很好的意境，它使人们在追忆中从心理反应上可搜索思缕，想象到往昔。

2016年7月正值唐山大地震40周年，我有幸在唐山纪念碑前见到了当年唐山抗震纪念碑设计者李拱辰先生。这个占地5.4公顷用松柏环绕的抗震纪念碑广场，高达33米的纪念碑象征新唐山精神的标志，成为每个造访唐山人的必经之处。据李拱辰先生回忆，50年前的1966年发生了邢台大地震，40年前的唐山发生了“7 · 28”大地震，顷刻间毁掉了一座堪称“中国近代工业摇篮”的工业城市，242769人死亡，164851人重伤，4200多名16岁以下的儿童成为

唐山抗震纪念碑

孤儿，绝户家庭 7218 户……1983 年唐山地市合并后，市委、市政府作出在地震 10 周年时举行大型纪念活动并建立抗震纪念碑的决定。作为纪念碑的总建筑师，如何在这座纪念碑的设计上体现纪念与铭记这场灾难，找到更有价值的心灵印痕……李拱辰深感责任重大。

李拱辰，生于 1936 年，设计唐山抗震纪念碑时 48 岁。但若问对于这座唐山人心灵坐标有多少人知晓它出自谁手？它又是靠什么理念在劫后再生，奋翅于冀东之沃野上呢？确知之者不多。据李拱辰先生回忆，30 多年前，唐山抗震纪念碑是从 142 个方案中脱颖而出的。

唐山抗震纪念碑建在市中心新华道以南（建设路和文化路之间）纪念碑广场内，由主碑和副碑组成，建在一个大型台基座上，台基四面有四组台阶，踏步均为 4 段，每段 7 步，共 28 步，象征“7 · 28”这一难忘日子。主碑碑座高 3 米，碑身高 30 米，由 4 根相互独立的梯形变截面钢筋混凝土碑柱组成，主体上端造型有 4 个收缩口，犹如伸向天际的巨手，象征人定胜天。碑身四周高 1.5 米处，为 8 幅花岗岩浮雕，象征着全国四面八方的支援。浮雕记述了地震灾害和唐山人民在全国支援下抗震救灾、重建家园的英雄业绩。

在碑身 8.5 米处镶有一块长 3.8 宽、1.6 米的不锈钢匾额，匾额上的 7 个大字“唐山抗震纪念碑”由胡耀邦同志题写。

李拱辰先生解读，这组构图再现了地震时最悲惨的场景：人们在酣睡中突遭地震，瓦砾堆上，幸存的人们顽强地站起来，以不可折服的精神，向天灾抗争。每组浮雕都是在中央美术学院师生的努力下创作完成的，它让人联想到火中再生飞舞的凤凰。

李拱辰设计的唐山抗震纪念碑于 1986 年地震 10 周年之际落成。虽已过 30 多载，它的设计与用材适度，仍旧让人感到非凡，这里有某种亲切感，当凭吊者一步步缓缓登上台阶时，所见到的浮雕场景可马上联想到苍天，想到树木与花草，立即使人有某种哀思和沉寂之感。4 根高耸入云相互分开又相互聚拢的梯形棱柱，既寓意地震给人类带来的天崩地裂的灾害，更象征着全中国四面八方对唐山救援乃至重建的支持。有人说，纪念碑上端造型犹如伸向天际线的巨手，象征着人们不惧灾难的坚韧。李拱辰解读，纪念碑还可让人领悟到，这是一个城市乃至国家的精神，要用顽强的努力，去创造可庇护的城市环境，让人类减少各类灾难的侵扰。

由唐山抗震纪念碑的纪念建筑，自然让我联想起北川抗震纪念园——静思园。这是一个以自然的方式构筑精神空间的纪念场所。方案的灵感来源于自然元素的启发，设计以水滴的自然形态作为空间设计的载体，场地中央的大水滴是整个园区的核心纪念空间，围绕水院周边可作为大型的集会空间以举行各种纪念仪式；位于场地西北角的小水滴形态的半围闭空间则作为一个小型的缅怀、追思的场所，小小的空间里将被种满鲜花用来寄托人们的哀思，在纪念的重点上不再着重于对伤痛情绪的渲染；而场地中除去少量的铺地和矮墙，整个场地将以种满茂密的大树的方式，展示充满感恩与希望的精神诉求与生命寄望。

全国勘察设计大师周恺在谈到他的这个作品时表示，我不愿将这个汶川抗震纪念建筑做成一个高高耸起的纪念碑，而是希望让蒙难者及祭奠者都进入一个可遐思、可回望、可从心灵上与逝者沟通的“静界”。“5 · 12”汶川特大地震将中国唯一羌族自治县北川的县城夷为平地，遇难人员逾 2 万，经济遭受巨大损失。地震使北川老县城变为废墟，北川成为唯一异地重建县城。基于这样的背景，旨在以纪念抗震救灾和灾后恢复重建为主题的北川新城抗震纪念园项目，意义非常重大。项目选址位于新县城城市中央景观轴上，主要包括静思园和抗震救灾纪念馆两大部分，共占地 5.11 公顷，其中静思园占地 1.6 公顷。基地西侧为羌族特色商业街，同时也是纪念园的主要出入口方向，东面则以羌族民俗博物馆为对景。周恺说：“设计的出发点是将纪念的方式理解为对生命本体的纪念，跳出传统纪念碑式的设计框架，以城市公园的概念为市民提供了一个集纪念、休憩、静思、避难于一体的精神场所，力图以更为自然、平和、朴实的设计手法和最少的人工介入，将纪念与城市生活融为一体，将纪念融入每个北川市民的日常生活之中。”今天步入静思园的人们，都至少会感悟到。

这是一个对生命关怀建立人本主义的纪念示范。在过往的纪念体系中，由于过度地追求象征意义和形象意义，而忽视了作为纪念者自身对生命价值纪念的心理需求。在纪念的形式上，设计并不刻意强调灾难本身，而更注重设计本身带来的空间感受，引导人们对生命价值的重新思考。例如，穿越中央水池的感恩桥，引导人们先缓缓行至水面下后，又逐渐走出水面之上，在行走过程中，通道侧壁上镌刻的牺牲英雄以及参加救援人员的名字会让人们永远心存感念。而对待灾难本身带来的伤痛，建筑师则以矮墙限定出一个小小的围合空间，用以封藏和纪念。这看似设计构思，实则是讲述了设计大师周恺为北川抗震纪念园的创作“故事”，它本身也是建筑文化与灾难文化交织的普及。当然，在新北川县城中轴线上的北川抗震纪念园中，也有高大的纪念碑矗立在广场上，在“大爱筑羌城——山东对口援建北川纪铭”前，许多人驻足阅读。全国有太多的省份，举全省之力援建北川，3.5 万援建大军从齐鲁大地来到安昌江畔，跋山涉水蹚泥泞，倾力挥汗献真义，北川新县城成为震后异地重建的典范。

此外，纪念建筑既以精神作用为主导功能，就有必要充分对自然环境作出选择，如南京中山陵，选择在紫金山的茅山，富有万古长青的无限活力，山坡向阳展开，一望无垠，空间幽深，富于层次，令人肃然神怡。山地变化万千，有岗、峰、岭、坡、顶、麓等之分，要据纪念性建筑的不同性质，有的需要藏、有的需要露、有的需要静、有的需要富于声色和气冲霄汉。法国著名雕塑家罗丹说过：“对于自然，你们要绝对信仰，你们要确信……自然永远不会丑恶，要一心一意地忠于自然。”北川抗震纪念的静思园，恰是迄今国内纪念建筑能与环境完美结合的佳作，其纪念性精神效果用建筑形式恰到好处地体现深刻。

二、灾害纪念建筑让我们想到的应更多

胡庆昌大师与绵阳九洲体育馆。

汶川地震 10 周年，虽建起了新北川县城，虽在四川住建与文博系统为国家及业内总结了不少好经验，但伤痛难平，岁月历久乃要见真谛，以找到灾后重建的安全对策，或者说找到防灾减灾预防之策是对罹难同胞最好的缅怀。2008 年“5 · 12”汶川地震后，人们一定不会忘记那个在震灾中不倒且服务于救援安置受灾群众的绵阳九洲体育馆工程。应该说，该工程的贡献者是全国勘察设计大师、北京市建筑设计研究院顾问、总工程师胡庆昌（1918—2010）。2018 年值汶川地震 10 周年，15 年前的 2003 年该项目投入设计，而在胡庆昌大师诞辰百年议及此工程，意义特殊。

说到胡庆昌对九洲体育馆之贡献，北京市建筑设计研究院结构高级工程师周笋回忆道：“我与胡总的有幸相识，源于绵阳九洲体育馆。2003 年，我们进行九洲体育馆的设计，这是当年设研院张总建筑师团队中标的项目，为 2005 年第十三届世界拳击锦标赛筹建的主场馆。2003 年，正赶上我院如火如荼进行奥运场馆及配套工程的紧张设计。九洲体育馆面积约 2.4 万平方米，与奥运工程相比，规模很小，但因为是外地项目，所以确定为院级项目，院级项目都要经过院技委会讨论，由技委会通过后确定结构方案。非常有幸的是，讨论绵阳九洲体育馆结构方案时，胡庆昌、程懋堃、柯长华、齐五辉四代院总都到会讨论、审查，各位老总都提出了宝贵的意见和建议。尤其是让我难以忘怀的是当时胡总虽然已是 85 岁高龄了，但是他老人家依然坚持来院工作，参加院里主要工程的结构方案把关。”

令周笋没有想到的是，会后过了几天胡总还主动找了她和朱忠义博士，因为通过会议讨论，胡总感觉工程虽然面积不大，但是拱的跨度大、中间支座少，设计还是有不小的难度和容易忽视的地方，因此会后他找了一些设计资料给大家参考，其中包括当时刚刚竣工投入使用的日本 2002 年世界杯足球赛主体育场仙台利府综合体育场的资料，告诫大跨拱结构定要解决好大拱支座之间的巨大推力问题。大跨拱结构解决推力的最好办法是在柱脚之间设置预应力拉杆，预先张拉，平衡掉巨大推力。北京院投标的图纸就是按照胡总建议的这个思路，采用了最直接也最稳妥的预应力拉杆方案。后来，因为建筑物东侧需设置地下室，这样若设置预应力混凝土拉杆会给建筑设计带来很大的困难。另外，从设计到完工仅两年的时间，施工工期很紧，预应力混凝土拉杆贯穿场地，会严重影响场地土回填，影响施工进度，因此只好放弃预应力拉杆方案。这样，周笋和朱博士又去找了胡总，汇报了困难和情况。胡总提醒和告诫他们："因为我们的拱架结构支座非常少，因此要千万注意地震时的支座变形对结构的不利影响。拱架结构支座非常少的结构，地震时支座随地基的变形有可能导致上部屋盖结构完全崩溃。原来我们采用的预应力拉杆，不仅在静力状态下可以平衡拱脚推力，在地震时尤为重要。地震时预应力拉杆可约束支座的变形，使结构处于自平衡状态，即使地震时两侧地基有变形，结构也能处于安全状态。"现在看来，胡总的提醒真是太重要、太及时了，本来绵阳地区设防烈度是六度，这多少让北京院结构设计团队的神经很放松。北京的工程均是八度设防，抗震问题不可忽视，结构设计的首要任务就是抗震，好不容易赶了个六度区的结构。胡总的提醒让大家警醒，从此北京院结构设计团队心里重新把抗震作为重中之重来对待，故考虑了支座变形对上部屋盖的影响，同时设计基础支座时也对关键构件进行了多方面的验算和校核，确保万无一失。

2008 年 5 月 12 日汶川地震后，当从报刊得知北京院的九洲体育馆安然无恙时，作为全国著名的抗震专家，他老人家再次高瞻远瞩地提醒结构工程师们：不管设防烈度是六度还是八度，首要的任务都是抗震。对于六度区的建筑，也不能忽视抗震问题。5 月 13 日，重灾区北川的受灾群众被安置在了九洲体有馆中。周笋打电话向胡总汇报了工程情况，同时向他老人家表达了感激。胡总平静地说他已经知道了，同时推荐北京院参加即将在他老人家母校天津大学召开的第八届全国现代结构工程学术研讨会，把设计经验和成果向全国同行介绍和推广。《绵阳九洲体育馆结构设计》最终被评为此次研讨会的优秀论文，受到了业内的好评。在汶川大地震及多次余震中，体育馆主体混凝土结构和屋顶大跨度空间结构均完好，成为此次地震最重要的受灾群众安置中心，最多时安置近 4 万人，场馆在这次应对突发震灾中发挥了作用。全国各大主流媒体均对九洲体育馆进行了一系列报道，新华社官方网站新华网在 2008 年 6 月 29 日最后 1400 余名受灾群众撤离体育馆、返回家园后，九洲体育馆完成其临时安置点的历史使命时，刊发了："新华视点：别了，九洲体育馆！——一个抗震救灾标本的真实记录"，其中写道："大地震突袭四川，这里一度充当了传说中的'诺亚方舟'。"

单霁翔博士的建筑遗产保护情怀。

在汶川震灾中，四川省的文化遗产建筑损失惨重，给巴蜀文明及周边羌、藏等少数民族的历史文化以沉重打击，其中包括很多全国、省级文物保护单位。据2009年四川省文物局公布的“四川汶川地震灾后文化遗产抢救保护年度工作报告”所做的统计分析，受损文化遗产建筑中，木结构形式140处，占63.6%；砖石结构形式57处，占25.9%；其他结构形式23处，占10.5%。

这里特别应提及的是，师从两院院士吴良镛教授获工学博士的单霁翔，时任国家文物局局长，高度重视汶川地震所造成的文化遗产的破坏与损失，仅2008年“5·12”地震后，他在一年的时间内就30余次赴灾区，与国家文物局、四川省文物局专家组对汶川建筑遗产灾后恢复重建做了大量工作，面对灾害对建筑遗产的多方面威胁，他一再强调：灾害对建筑遗产本身造成直接破坏，灾害对建筑遗产整体性环境造成破坏，灾害对遗产“静态保护”场所（如博物馆）等造成破坏。2008年6月，单霁翔根据《汶川地震灾后恢复条例》的内容分析了多项文化遗产抢救保护的项目，他指出“文化遗产抢救保护也是重建家园”。灾后文化遗产抢救保护是尊重灾区文化需求、保障灾区4000万同胞文化权益的重要举措。此次四川汶川地震在造成巨大人员伤亡和财产损失的同时，也对众多珍贵的文化遗产造成了前所未有的破坏。地震发生后，国家文物局及震区各省文物行政部门均于第一时间紧急召开现场会，部署救灾工作。古建筑维修、文物保护、岩土工程等相关专业的专家赶赴受灾现场进行实地考察评估，提出检查报告、应急措施及灾后文物抢救维修保护的指导性意见。在抗震救灾工作中，国家领导人高度重视文化遗产保护工作，亲临受灾现场视察文物受灾情况，慰问文物博物馆系统干部职工，并多次就地震遗址保护及地震博物馆建设、保护羌族特有的文化遗产及文化遗产保护等作出重要指示。按照中央领导关于文物保护要制订单独规划的要求，文物部门编制完成了《四川省“5·12”汶川大地震文化遗产抢救保护规划大纲》，灾后文物抢救保护将按照批复后的《规划》有序、科学、规范地进行。灾后修复与重建首要任务是第一时间到达受灾地区文物点进行检测、调查，对文物残损的性质及将遇到的险情予以评估。坚持“五个原则”：一是不改变文物原有状态，据受损情况采取必要抢救措施；二是实现最小干预，尽量保持文物原有的人文景观和内涵；三是尽量做到不妨碍即将展开的修复；四是积极做好监测和检查文物受损情况的工作；五是展开有针对性的抢救保护等。

灾后文化遗产抢救保护是尊重文化遗产与当地民众的情感联系、鼓舞重建家园信心的重要举措。文化遗产植根于特定的人文和自然环境，与当地居民有着天然的历史、文化和情感联系，这种联系已经成为文化遗产不可分割的组成部分，也成为当地居民生活不可分割的组成部分。5月12日下午，短短8秒钟，在一对新人洁白的婚纱面前，四川彭州市的全国重点文物保护单位领报修院毁为一片废墟，网上流传的这组照片让许多人痛心于地震对文化遗产的破坏。像领报修院前的婚纱照一样，许多当地民众选择文化遗产来见证自己人生最珍贵最美好的时刻，文化遗产已经成为当地民众日常生活的一部分。10个藏羌村寨及520余处碉楼被列入中国世界文化遗产清单，碉楼已经有2000多年的历史，至今仍是当地少数民族同胞的家园。在地震中，理县桃坪羌寨局部垮塌，布瓦黄土碉楼、直波碉楼、丹巴古碉群出现严重险情。世界文化遗产都江堰是两千年前的水利工程，今天仍在发挥无坝引水、分洪减灾、排泄沙石的作用，造福当地百姓，都江堰也因文化遗产而兴盛。

建筑遗产保护方法有很多，主要体现在：按联合国的标准，可原封不动地保护；对残缺的建筑要谨慎修复；对十分重要的建筑遗产因故被毁要慎重重建；遗产的利用必须以不损坏遗产为前提；保护遗产所在的环境（如历史街区、历史村落等）；保护建筑特色风格（如式样、高度、体量、材质、色彩、布局与周边建筑的关系）等。以羌族灾后重建的立体式文化重建策略为例，单霁翔身体力行投入大量精力，重视地震灾区文化遗产的抢救与保护工作，总体上讲他在专门设立羌族文化生态保护试验区的同时，也将保护和抢救羌族文化放在重要位置。主要涉及保护藏族、羌族的碉楼和村寨、羌族特色设施，保护和重建羌族博物馆、民俗馆乃至濒危的失传文化与传统手工艺技能，即做到在灾后文化重建过程中，不仅要帮助灾区羌族人民改善物质生活条件和恢复原有的精神生活和环境氛围，更重要的是及时有效地抢救在危险中的羌族文化遗产，使之传承下去。2008年7月15日，单霁翔在羌族碉楼与村寨抢救保护工程开工仪式的讲话中说：“羌族是一个对中华民族多元一体形成发展产生过重大影响的古老民族，在漫长的历史时期留下了许多杰出的物质和精神创造与发明。”“羌族碉楼与村寨”是羌族民众伟大智慧和非凡创造力的杰出代表。“羌族碉楼与村寨”不仅拥有悠久的建造历史和独特的砌筑工艺，富有鲜明的地方建筑原创性，形成了一处又一处融入自然山水极具魅力的文化景观，而且还生动地记录并反映出羌族民众在民族迁徙、文化交流、建筑技艺、生产方式、社会环境、历史事件等方面的各种历史信息，体现出大渡河上游和岷江中上游流域在西南民族交流史上的文化廊道作用。更为重要的是，“羌族碉楼与村寨”不仅为羌族的文明与文化传承提供了特有的珍贵历史见证，它还是羌族民众在漫长的自然和历史演变中形成的坚韧不屈的非凡勇气和伟大民族精神的真实体现。可见，“羌族碉楼与村寨”不仅是羌族民众宝贵的文化传统与财富，同时也是中华民族大家庭里最可珍惜的文化传统与财富之一。

汶川“5·12”特大地震，使羌族民众的生命财产遭受极大损失，也对羌族文化遗产造成前所未有的严重损坏。国家文物局高度重视并迅速开展对羌族文化遗产的抢救保护。文化部、国家民委、国家文物局联合成立了“羌族文化遗产保护工作协调小组”，下设专家委员会和文物保护、非物质文化遗产保护、羌族文化生态保护三个工作小组；确立了“坚持科学发展观，统筹兼顾，合理规划；区分轻重缓急，优先实施灾区羌族文化遗产保护抢险维修工程；坚持‘不改变文物原状’的维修原则，把灾后对文化遗产的抢救保护作为羌族民众重建家园的重要内容”的指导思想，明确了实现灾后不可移动文物和可移动文物的全面保护，以及建立国家级羌族文化生态保护实验区等工作目标。单霁翔还从三个方面强调了羌族文化重建规划设计的重点思路：

其一，灾后羌族文化空间是建立旅游者与羌族文化进行互动体验的文化空间，将旅游地打造成完整的羌族文化感知氛围，重建本土文化与历史。

其二，灾后重建背景下，羌族文化旅游区抓住了此历史机遇，积极整合羌族文化旅游资源，拓展并增加旅游产业链，形成灾后旅游产业的优化重组。

其三，四川的灾后重建贯彻了可持续发展理念，开展原真性文化演艺民间工艺、村寨观光与民俗旅游示范建设，是灾后生态性重建的关键。

时光以令人生畏的速度流逝，无论是十载的汶川“5·12”震灾，还是已经42载的唐山毁城大震，都已经呈现了崛起的灾后城市化建设的新貌，问题是它们能否经历未来大震灾的侵袭。当今世界与中国都需要城市在发展中提质，这就需要在科学审视中吸取历史震灾的教训。由此，我们认为灾害纪念建筑的意义非同小可，它不是要解决一般的灾后生活保障问题，它是要用灾难教训、抗灾精神来永远地抚慰人们的心灵。因为，只有深刻的灾难预防文化，才能从人文关怀的安全教育本质出发，来启迪人类、造福未来。

（源自《“5·12”汶川十周年记忆》中，《灾后重建中的文化与建筑思考》一文，中国灾害防御协会编。收录本书时，编者有删节）

浅谈防震减灾文化建设内容

贾作璋

我国自然灾害种类多、发生频率高、造成的灾情严重。地震作为一种严重的自然灾害，以其造成的巨大损失而居群灾之首。纵观历史，中华民族上下五千年，关于地震的记载卷帙浩繁，记录了当时先民们防灾减灾救灾的场景，形成特有的防震减灾文化现象。新中国成立后，经过几十年的发展和探索，经过历次特大地震的经验与反思，防震减灾工作逐步从过去单纯的监测预报向“三大工作体系”拓展，逐步从过去单纯的科学行为向社会管理和公共服务拓展，逐步从主要依靠地震部门力量向各级政府领导、相关部门各负其责、全社会共同参与拓展。党的十八大以来，防震减灾工作进入新时代，习近平总书记就防震减灾工作多次做出重要指示批示，明确指出：“要总结经验，进一步增强忧患意识、责任意识，坚持以防为主、防抗救相结合，坚持常态减灾和非常态救灾相统一，努力实现从注重灾后救助向注重灾前预防转变，从应对单一灾种向综合减灾转变，从减少灾害损失向减轻灾害风险转变，全面提升全社会抵御自然灾害的综合防范能力。”

中国是世界上唯一把地震预报作为政府职责的国家，体现了中国共产党全心全意为人民服务的根本宗旨，体现了“人民至上，生命至上”的执政理念，体现了地震工作者的初心和使命。防震减灾文化建设也因此展开，在防震减灾的各环节各领域呈现出不同的侧重点和着力点，各具特色。

一、监测预报场域

该领域的防震减灾文化建设包括地震工作者队伍和社会公众两个层面。就地震工作者队伍而言，文化建设主要围绕“信心、坚守、严谨、担当、服务、奉献”等关键词进行。面对地震预报这一世界性难题和有些“地震不可预报”的悲观论调，面对艰苦偏远的地震台站和枯燥乏味的地震参数，面对破坏性地震的非频发性，面对地震发生后灾区群众对地震预报的热切需求以及我们现阶段地震监测预报能力不足，面对社会公众曲解与责难，最需要的是坚定的信念、执着的坚守、严谨的作风、勇敢的担当和无私的奉献。要有“板凳要坐十年冷；文章不写半句空”的坚守和奉献，所以该领域的文化建设首先应当朝着这个目标努力。

就社会公众层面而言，要引导公众对防震减灾工作的理性、宽容和支持。由于具有非常重要意义的地震预报、特别是地震短临预报问题还没有解决，并且不大可能在短时期解决，所以社会上时不时地出现对地震部门存在必要性的质疑。地震监测预报工作对于国计民生具有重要意义的事业，越是艰难，越要组织力量进行攻关。在地震预报这一难题尚未攻克的前提下，突如其来的大震巨灾会给人们造成严重的伤害，短期内难以愈合，社会上一些埋怨甚至责难，也是可以理解的。作为长期从事地震科研工作的同志不但要坐得住“冷板凳”，耐得住“寂寞”，还要受得住“委屈”，经得住“考验”，不断用“星星之火可以燎原”的坚定信念，充分发挥我国社会主义制度优势，不断攀登地震预报这一科学难题的顶峰。“世上没有比人更高的山，没有比脚更长的路。”“道虽迩，不行不至；事虽小，不为不成”，在地震地震监测预报这一场域，我们应通过防震减灾文化建设，进一步弘扬科学家精神，宣传普及防震减灾科普知识，将地震预报难题目前尚未解决的现状明白无误地告诉社会公众，以赢得社会理解、客观地看待地震监测预报预警工作。

此外，在监测预报领域，还要突出“快速、精准”的应急状态。我们知道，地震监测预报预警几乎所有工作都集中于“快速精准”的要求。地震速报、预警、烈度速报等失去了快速精准，在很大程度上就会失去意义，地震应急也失去了响应的基准和效率。地震监测预报预警水平的高低，说到底，要通过这四个字来检验。所以在监测预报领域，通过防震减灾文化建设不断凝聚推进技术进步的精神力量，增强地震监测预报预警工作又快又好发展的内生动力，是监测预报领域防震减灾文化建设的核心内容。

二、震害预防场域

不管地震预报科技难关有没有攻克，震害预防领域都是防震减灾工作的最重要、最关键领域。因为无论能不能预报，地震是一定要发生的，只要我们的震害预防工作真正做到位了，地震即使来了也不可怕。所以震害预防领域的文化建设，首先要解决地震部门自身以及民众的思想观念问题，通过有规划、有计划、有规模、有声势、有纵深、有持续的防震减灾宣传教育工作和典型示范工作，切实提高“居安思危”的忧患意识，从而使全社会真正做到“未雨绸缪”“曲突徙薪”；其次要以高度的科学精神和服务精神为社会提供防震减灾公共服务产品，地震区划图要精准严密、各类隔震减震防震技术产品要管用有效。要通过防震减灾文化建设，进一步增强震害预防服务意识和服务能力；再次，要增强地震安全性评价的责任意识和主动意识，要充分行使好地震安全性评价的权力，这里特别需要强调的是高度忧患意识、责任意识基础上的大胆管理、理直气壮地管理意识。第四，全社会的震害预防工作仅靠地震部门肯定是不行的，该领域的工作关键是要增强说服、沟通、协调能力，也就是说，在该领域，我们不是自己直接去做震害预防工作，而是要以强烈的责任感说服政府和民众、特别是各级政府重视并切实推进震害预防工作，所以沟通协调意识非常重要。第五，震害预防工作往往是预防性工作和幕后工作，是“曲突徙薪”的工作，而在中国“曲突徙薪无恩泽，焦头烂额为上宾”这样一种社会文化氛围中，震害预防工作往往是低显示度的、幕后的工作，所以该领域的文化建设要着力培养甘于幕后、乐于奉献精神。四川汶川特大地震中“曲突徙薪”的叶志平校长等未能被评为抗震救灾英雄等现象就充分说明了这一点。总之，该领域的文化建设，要紧紧围绕“居安思危”“未雨绸缪”“曲突徙薪”“理直气壮”“甘于寂寞”“无私奉献”等关键词展开。不断朝着地下清楚、地上结实、政府高效、民众有素的目标前进。

三、地震应急场域

对全球而言，破坏性地震多发频发，司空见惯。相对于一个地方而言，破坏性地震则是“一个百年一遇，甚至千年一遇”的极小概率事件，社会公众极易产生麻痹大意思想，疏于防范。另一方面，由于我们对地震科普宣传重视程度不够，导致人们对地震的认识不足，准备不足，应对能力偏弱。所以我们要抢抓地震发生后，强烈地震的直观效应，大力强化地震科普宣传教育，充分保证及时、足额的地震应急宣传产品投放“地震应急”市场。因此每次破坏性地震发生后的新闻宣传报道，不仅仅是抗震救灾的新闻效应，而且要融合更加丰富、更加多元的地震科普元素，使社会公众在关注地震新闻、灾害新闻、救援新闻、灾区新闻的同时，进一步关心自己居住的地方会不会发生地震、如何有效预防地震灾害、地震发生后如何逃生、如何自救互救等方面的知识，以潜移默化的形式，强化防震减灾工作，提升全社会抵御地震灾害的能力。所以我们一定要看到，破坏性地震发生后，正是我们抓住时机进行地震科普宣传的最佳时机。我们一定要努力改变新闻报道以短消息形式一笔带过的状况，而要在平时做好充分准备的基础上，不放过任何一次破坏性地震发生的契机，有计划、有步骤地开展地震科普宣传。

四、抗震救灾场域

较之于监测预报、震害预防等其他防震减灾领域，抗震救灾领域的文化建设最广泛、最复杂、最具张力、最震撼人心，可以说，抗震救灾领域是防震减灾文化建设的资源富集区。该领域的文化建设应当以弘扬“万众一心、众志成城；不畏艰险，百折不挠；以人为本，尊重科学”伟大抗震救灾精神为主旋律展开。首先要充分发挥和彰显社会主义制度的优越性、社会主义建设伟大成果以及社会主义核心价值体系等层面的东西。要集中体现社会主义制度在集中力量办大事、克难事等方面的独特优势，要集中体现在社会主义建设伟大成就的基础上党领导人民有力、有序、有效抗震救灾的壮阔画卷，要集中体现“一方有难八方支援”的社会主义大家庭的温暖，要集中体现一幕幕生命大救援、爱心大汇聚、人性大展示的动人场面。要热情讴歌生命的坚守坚韧、亲情的不离不弃、灾民的自立自强、救援的艰苦艰险、志愿者的无私无畏等精神。要将“只要有百分之一的希望，就要尽百分之百努力”和“在最短时间保证灾区人民有饭吃、有衣穿、有干净水喝、有地方住、有伤病能就医”的尊重生命、关爱生命、救援生命的理念充分践行和彰显，要将人类在抵御特大自然灾害时所表现出来的人道主义精神、团结协作精神和不畏艰险、百折不挠的英雄气概充分践行和彰显。同时也要将尊重科学精神贯穿和彰显在分析灾难发生的原因、开展灾难救援的方针、策略、手段、方法以及对灾难的反思的等层面，不断提高全社会的科学精神和在尊重规律的基础上与大自然和谐相处的意识和能力。

同时，在抗震救灾的特殊场域，既能涌现各种各样的英雄事迹和感人事迹，也有可能暴露出社会各方面存在的问题。我们的文化建设工作要对此高度关注、深度挖掘。不但要使创造英雄事迹和感人事迹的个人和组织得到应有的表彰和奖励，更要通过新闻报道或小说、小品、影视等形式的文艺作品在社会中予以大力宣传和彰显，与此同时，也要实事求是地充分揭示和批判灾难中所反映出来的社会问题，比如巨大灾难中在社会爱心井喷式涌流的情况下政府有关部门如何进行有序疏导、如何保证爱心最大限度发挥作用的问题、在灾难中暴露的环境问题、工程质量问题和趁火打劫、浑水摸鱼等不良社会现象等等。这样以大的灾难为背景，彰显和评判正反两方面的问题，会比平时更有社会效果和社会意义。

冯小刚《唐山大地震》电影宣传

五、灾后重建场域

如何开展灾后重建，既是文化的体现，也需要文化的支撑和引领，还会创造新的文化。对灾民而言，面对满目疮痍、一片废墟、家破人亡的地震灾区，重建首先要面临的问题就是重拾希望、恢复对生活信心。在此基础上树立不怕困难、自力更生、从头再来、重建家园的不屈意志和坚定决心的问题，同时对全国全社会的无私援助培养“感恩的心”的问题。作为各级政府而言，最重要的是如何保护、建设和利用地震遗址和地震博物馆、如何科学迅速制定重建规划、如何发扬社会主义制度的优越性开展对口支援重建、将对口重建的理念、事迹、经验及时总结凝练、并通过艺术化形式广泛推介、宣传和表彰，如何通过有力监督，确保工程质量和严防重建过程中发生的腐败等各方面的工作。作为对口支援的兄弟省区，如何树立正确支援观、如何尊重和保护当地的文化和风俗习惯、如何确保工程的进度和质量、如何与所支援的灾区保持久长的友谊等问题；对广大志愿者而言，如何保证爱心在抗震救灾井喷式涌流过后的“细水长流”，如何提醒、推动政府重视和帮助灾民的心灵重建，如何以不抛弃、不放弃的精神持续不断地帮助需要物质救援和心理救援的灾民等问题。总之，灾后重建领域的文化建设，要紧紧围绕和服务于上述问题的解决，从而使灾区“浴火重生，凤凰涅槃”。

六、灾难伦理领域

在灾难发生的特殊场域，各种伦理问题会集中而极富张力地显现出来。比如，破坏性地震发生后，有些地方不能实事求是地报告灾情，有的隐瞒灾情，使得灾民不能得到有效的救助；有的故意夸大灾情，企图趁机获得更多援助。灾难发生后，如何分轻重缓急实施救援，如何最大限度地尊重当地治疗、丧葬习俗。面对国际救援，如何在国家安全利益和国际人道主义之间把握平衡点，如何在国家形象和地震应急救援时速快做出选择。在地震现场，组织指挥也应遵守灾难伦理，预防负面效应，影响政府公信力和社会影响力。比如，莅临现场官员更多地要体现领导对灾区公众、灾区社会的人文关怀，体现灾难伦理要求，体现党和政府对灾区民众关心关怀，对百姓的罹难感同身受，防止处置不当引发舆情事件。在媒体应对中，如何实事求是地说明真相，承担责任，而不是像某部门发言人进行搪塞。新闻报道过程中，作为新闻记者，是救援优先还是报道优先以及如何把握报道中对灾难的呈现程度。如何凝聚正能量，强化典型示范力量。如何避免因不合时宜的言论、或缺乏担当的说词而招致社会的反感和责骂。在什么情况下、什么时机、以何种层级和范围内举行默哀。在灾后重建过程中，如何处理自力更生和积极援助的关系，如何处理生态保护和重建选址、重建速度等的关系，如何把握重建的“度”，不能追求面子、不能过度豪华，让灾难的伤痛留存得更长远一点，对民众的教育更深刻一点。还有将巨大灾难遗址作为旅游点，是经济利益优先还是社会公益优先等等……总之，这些都涉及严肃的伦理问题。需要灾难伦理文化来解决。

大力弘扬新时代科学家精神，牢记地震人初心使命不断前进

叶　燃

2019 年 6 月 11 日，中共中央办公厅、国务院办公厅印发了《关于进一步弘扬科学家精神　加强作风和学风建设的意见》(以下简称《意见》)，提出要“自觉践行、大力弘扬新时代科学家精神”。

胸怀祖国、服务人民的爱国精神，勇攀高峰、敢为人先的创新精神，追求真理、严谨治学的求实精神，淡泊名利、潜心研究的奉献精神，集智攻关、团结协作的协同精神和甘为人梯、奖掖后学的育人精神汇聚成科学家精神，这代表着新时代背景下，国家和人民对科学家的殷殷期望，更是科学家群体奋进的方向。

回望历史，我国地震科学家一直有着胸怀祖国、敢于创新、无私奉献的优良传统。老一辈科学家李善邦、梅世蓉、马瑾等人真正践行了“一片赤心惟报国”的爱国之心，他们奉献了毕生智慧和心血推动地震科技进步和国家发展。老一辈地震科学家执着的事业情怀、严谨的治学态度、卓越的学术造诣和崇高的人格魅力永远值得我们敬仰。

李善邦

2019 年是新中国成立 70 周年，我国防震减灾事业走过了不平凡的发展历程和道路。今天防震减灾事业又面临着前所未有的挑战和机遇，在这样的背景下，弘扬和学习新时代科学家精神，具有重要的历史意义。

弘扬新时代科学家精神，就是要学习他们不忘初心，牢记使命；不忘初心，方得始终。郑国光同志指出，地震人的初心，是保障人民生命财产安全，就是为人民谋幸福。地震人的使命，是全面提升全社会抵御地震灾害的综合防范能力，为中华民族伟大复兴提供有力的地震安全保障，就是为中华民族谋复兴，为全面建成社会主义现代化强国贡献力量。新中国成立以来，特别是 1966 年成立专门的地震业务机构以来，我国防震减灾工作始终坚持中国共产党的坚强领导，始终践行全心全意为人民服务的根本宗旨。几代地震科学家在多次惨痛的地震灾害

教训面前，在攻坚克难的成败面前，在社会舆论的压力面前，始终是中国共产党人理想信念的坚定者、为人民服务的实践者、事业发展的传承者，始终坚守最大限度减轻地震灾害损失、保障人民群众生命财产安全、为人民谋幸福、为中华民族谋复兴的初心和使命。今天的地震人特别需要老一辈地震科学家身上所具有的热爱事业、执着追求的精神，牢记一代又一代地震人传承下来的初心和使命，以"世界是可知的"哲学自信和"功成不必在我，但功成必须有我"的宽广胸襟，为实现新时代防震减灾事业现代化而不断奋斗。

弘扬新时代科学家精神，就是要学习他们甘于寂寞，潜心探索。我国地震多、强度大、分布广、震源浅、灾害重、损失大，这是我国的基本国情；我国地震设防能力低，"小震致灾、中震大灾、大震巨灾"还没有根本改变，这也是我国的基本国情。随着经济社会快速发展，对地震灾害的敏感性、脆弱性和影响程度越来越大，政府和社会的安全意识及对安全的要求也越来越高，这对提高地震监测预报、震灾防御的能力和水平提出了越来越大的挑战，特别是作为世界科学难题的地震预报与现实需求的差距和矛盾越来越突出。新时期新要求新挑战，汪洋同志曾对地震人说，"需要甘于寂寞，不计名利，更需要严谨求实，不懈探索"。弘扬新时代科学家精神，就要坚定信念和责任担当，有耐心，要有长期坐冷板凳的准备，以新思维新理念，刻苦钻研，潜心探索，不断提高地球运动规律的科学认识水平，着力提高我国地震灾害防治能力和水平。

弘扬新时代科学家精神，就是要学习他们以科技为本，锐意创新。地震科技兴则防震减灾事业兴，地震科技强则地震行业强。防震减灾事业进步离不开地震科技创新，地震科技创新水平决定了防震减灾事业的前途和未来，决定了地震科技服务经济社会发展和人民生产生活的能力和成效。在地震科技发展历程中，我国培养锻炼了一批地震科技专业人才，历练出了心系人民、锐意进取、知难而进、勇于创新的地震人风貌。今天我们的地震监测能力明显提升，观测资料更加丰富，研究方法更加多样，一大批优秀科技人员积极从事和献身地震科技创新工作，为我国地震科技创新能力建设作出重要贡献。我们有理由也有信心，在探索地震预报这个世界难题上有更大的作为，有更大的进步。我们必须大力弘扬新时代科学家精神，继承前辈成果和经验，加强科技创新，扎实工作，做出更多的研究成果，为减轻地震灾害风险，更好地服务保障经济社会发展作出更大的贡献！

（来源：河北省地震局官方网站）

牢记初心使命　强化责任担当

杨秀生

初心是什么？初心就是梦想发起的地方。“不忘初心、牢记使命”主题教育开展以来，地震系统干部职工深追行业精神的力量之源，聚焦习近平总书记提出的“守初心、担使命，找差距、抓落实 ”的总要求，坚持读原著学原文悟原理，学思用贯通，知信行合一，弘扬行业精神，明确历史使命和责任担当，努力做主动担当作为的奋斗者。

初心源自使命，新时代给行业精神注入新内涵。习近平总书记指出，无论走得多远，都不能忘记来时的路。每一个地震人都不应该忘记：1966 年 3 月邢台地震，春寒料峭，漫天飘雪。周恩来总理三赴震区，慰问受灾群众。百姓的苦难令总理难以释怀，防震减灾刻不容缓！周总理向地震工作者发出了攻克地震预报科学难关的号召。面对党、国家和人民热切期盼，广大地震科技工作者责无旁贷，以无限的革命热情自觉地投身到轰轰烈烈的防震减灾工作实践中！中国地震局局长郑国光在地震系统“不忘初心、牢记使命”主题教育专题党课上鲜明地指出，几代地震人认真践行中国共产党人的初心，为人民谋幸福，谋安全，更好地保障人民群众生命财产安全，认真践行中国共产党人的使命，为中华民族谋复兴提供强有力的地震安全保障。这是地震人在防震减灾奋斗历程中逐渐形成的，也是必须坚持的。新中国成立 70 年来，邢台地震 50 多年来，广大地震工作者栉风沐雨，砥砺前行，在空气稀薄的雪域高原，在浩瀚无垠的南海之滨，在“无花只有寒”的塞外沙漠，在东北的极地漠河，在诸多重大地震灾害现场，广大地震工作者以“板凳坐得十年冷”的坚守奉献和责任担当，不忘初心，牢记使命，艰苦探索，走出了一条具有中国特色的防震减灾道路，凝结并形成了“开拓创新、求真务实、攻坚克难、坚守奉献”行业精神。进入新时代，防震减灾事业融入到

周总理在邢台

大应急管理体制中，广大地震工作者始终以党和国家事业发展的大局为重，深刻学习领会习近平总书记在国家综合性消防救援队伍授旗仪式上的训词精神，主动践行“对党忠诚、纪律严明、赴汤蹈火、竭诚为民”的时代要求，为新时代防震减灾行业精神注入新内涵。

弘扬行业精神，响应时代呼唤。党的十八大以来，中国地震局党组始终坚持以习近平新时代中国特色社会主义思想为指导，以习近平总书记关于防灾减灾救灾、提高自然灾害防治能力重要论述为根本遵循和行动指南，围绕统筹推进“五位一体”总体布局和协调推进“四个全面”战略布局，主动适应党和国家机构改革要求，深入研究新时代防震减灾事业发展的重大问题，先后出台了 7 个重要指导意见，推出一系列标志性、支柱性举措，形成了新时代防震减灾事业发展的“四梁八柱”体系框架，稳步推进四大改革，制定《新时代防震减灾事业现代化纲要（2019—2035 年）》。如今，改革发展的蓝图已经绘就，“时间表”“路线图”已经明晰，推动新时代防震减灾事业高质量发展的动员令也已经发出。事业改革发展正进入一个“船到中流浪更急、人到半山路更陡”的当口，不进则退，形势逼人，时不我待，广大地震工作者要弘扬行业精神，响应时代呼唤，主动担当作为、忠诚履职尽责、积极开拓创新，以新担当新作为开创新时代防震减灾事业发展新局面。

弘扬行业精神，实现人生价值。习近平总书记在出访意大利期间回答该国众议长菲科时说“(中国) 这么大一个国家，责任非常重、工作非常艰巨。我将无我，不负人民。我愿意做到一个‘无我’的状态，为中国的发展奉献自己。”这个回答，是习近平总书记“赤子之心”的真情表达，也是新时代中国共产党人在理想信念、价值理念、人格操守及行为取向等层面应具备的政治自觉、思想自觉和行动自觉。防震减灾事业是国家公共安全的重要组成部分，是基础性、公益性事业，事关人民群众生命财产安全，事关社会和谐稳定。投身防震减灾事业意味着牺牲与奉献，意味着责任与担当，意味着寂寞与坚守。我们地震人要以习近平总书记的思想境界为标杆，增强看齐意识，在“我将无我，不负人民”的精神境界中为事业改革发展担当作为，实现人生价值。

弘扬行业精神，强化担当作为。要笃定“生命至上”价值追求。面对大震巨灾，以“舍我其谁”的担当精神，排除千难万险，冲锋在前，在最危险的地震现场、在每一个遭受地震破坏的角落里、在受灾群众最需要帮助的时刻，听从党和人民召唤，舍生忘死奋力抗震救灾，永远做地震灾区人民“最可靠的人”。要笃定守正创新的职业操守。坚持地震科学探索与创新，任劳任怨、知难而进、坚守奉献，以“无我”的宽广胸襟，“有我”的责任担当，聚焦主责主业，执着科学攻关，贯彻新发展理念，落实高质量发展要求，全面深化改革，众志成城推进新时代防震减灾事业现代化建设，建立高效科学的地震灾害防治体系，全面提升全社会地震灾害防治能力。要笃定坚守奉献的道德情操。以“我将无我，不负人民”的精神状态，甘于寂寞，不计名利，严谨求实，攻坚克难，筑牢地震安全防线，做好守夜人。要笃定清正廉洁的行动自觉，做到无悔无怨无憾。要做正确的事，坚定理想信念，以“咬定青山不放松，立根原在破岩中”的定力和坚韧，不断前行。要正确做事，保持清正廉洁，忠诚干净担当。要不以成败论英雄，始终朝着理想的目标不懈努力，不留遗憾。

新时代新要求新挑战，广大地震工作者要大力弘扬地震行业精神，胸怀对人民的感情、对国家的忠诚、对事业的责任，不忘初心、牢记使命，用心用力、同心同德，履职尽责、开拓创新，奋力开创我国防震减灾工作新局面，为全面建成小康社会作出新的更大贡献！

（来源：中国地震局官方网站特约评论员文章）

关于加强防震减灾科普宣教工作的思考与对策探讨

杨秀生

自古以来，地震灾害严重威胁着人类文明的进步和发展。很多强烈的地震以其巨大无比的能量瞬间摧毁人类经过长年累月的艰辛劳动才创造的文明成果，使人类社会发展遭受重大灾难，可以说，地震灾害是人类社会长期面临的自然巨灾。

我国是世界上蒙受地震灾害最为沉重的国家之一，地震活动具有频度高、强度大、分布广、震源浅的特点。仅 21 世纪头 15 年，我国就发生 7 级以上大震 10 次，5 级以上地震 552 次，覆盖了 2/3 以上的国土面积，其中以 2008 年 5 月 12 日四川汶川 8.0 级、2010 年 4 月 14 日青海玉树 7.0 级、2013 年 4 月 20 日四川芦山 7.0 级和 2014 年 8 月 3 日云南鲁甸 6.5 级地震造成的损失最为严重。多震灾的基本国情是我国经济社会发展的主要制约因素之一，也迫使我们在制定和实现国家发展、民族振兴战略的过程中更加关注地震安全。事实证明，大力加强防震减灾科普宣教工作，提升社会公众防震减灾意识，是有效减轻地震灾害风险的重要举措。

一、当前防震减灾科普宣教工作面临的形势

（一）贯彻落实习近平总书记关于防灾减灾救灾重要论述必然要求我们加强防震减灾科普工作

党的十八大以来，习近平总书记多次就加强防灾减灾救灾工作作出重要论述和指示批示。从四川芦山地震发出“灾情就是命令”的指示，到云南鲁甸地震要求“把救人放在第一位”，再到河北唐山考察提出“两个坚持”“三个转变”的重要论述。总书记强调，防灾减灾救灾事关人民生命财产安全，事关社会和谐稳定，是衡量执政党领导力、检验政府执行力、评判国家动员力、体现民族凝聚力的一个重要方面。当前和今后一个时期，要着力从加强组织领导、健全体制、完善法律法规、推进重大防灾减灾工程建设、加强灾害监测预警和风险防范能力建设、提高城市建筑和基础设施抗灾能力，提高农村住房设防水平和抗灾能力、加大灾害管理培训力

度、建立防灾减灾救灾宣传教育长效机制、引导社会力量有序参与等方面进行努力。在四川汶川地震十周年国际研讨会致信中，习近平总书记强调，人类对自然规律的认知没有止境，防灾减灾、抗灾救灾是人类生存发展的永恒课题。特别是2018年10月10日，习近平总书记在中央财经委员会第三次会议上关于自然灾害防治的重要讲话，从治国理政的战略高度，深刻分析了我国自然灾害防治面临的形势，着眼实现“两个一百年”奋斗目标和中华民族伟大复兴中国梦，提出了符合我国基本国情的防灾减灾救灾的理论、思想、方法和任务，开辟了我国防灾减灾救灾理论和实践新境界，丰富了习近平新时代中国特色社会主义思想新内涵，是防灾减灾救灾理论的再次升华，为防震减灾事业发展和科普工作指明了方向，提供了根本遵循。总书记关于防灾减灾救灾系列重要讲话，都与重大的地震灾害紧密相关，都对加强地震灾害防治能力和防震减灾科普工作提出了新的更高要求，体现了以习近平总书记为核心的党中央对防震减灾工作一以贯之的高度重视与关心关怀。

（二）防范和化解地震灾害风险必然要求我们加强防震减灾科普工作

地震灾害具有突发性、瞬间性、毁灭性的特点，摧毁的是人类赖以生存的社会基础，防范我省地震灾害风险必然要求我们大力加强防震减灾科普工作，普及地震科学知识、传播地震科学技术，全面贯彻《中华人民共和国防震减灾法》和《全民科学素质行动纲要》，提高全民防震减灾科学素质。我们要清醒地看到，一方面，当前社会公众防震减灾意识还比较淡漠，重救灾轻减灾的思想还普遍存在，部分群众对地震灾害的严重性缺乏认识，仍存在侥幸心理。防震减灾宣传教育内容和形式比较单一，组织开展群众性的应急疏散演练和应急救援演练活动较少，部分社会公众仍缺乏应有的应急避险、自救互救知识和能力。另一方面，我省地震地质条件复杂，著名的郯庐断裂带斜贯全省，历史上曾多次发生破坏性地震。约36%的国土面积位于地震烈度七度及以上的高烈度地区，其他地区全部位于六度烈度区，面临着较大的地震灾害风险，自2008年以来，共发生3级以上地震20次，其中安庆4.8级地震造成直接经济损失2.36亿元，阜阳4.3级地震造成2死13伤的灾害性后果。随着我省经济社会的快速发展，地震灾害风险不断集聚，地震可能引发的次生灾害和衍生灾害的链条不断拉长，对人民群众生产生活造成的影响将不断加大。应对严峻复杂的震情形势，同样迫切需要我们加强防震减灾科普工作，普及防震减灾知识，引导社会公众科学认识地震、了解震情，积极参与防震减灾工作。

（三）全面提升我省防震减灾工作能力也必然要求我们加强防震减灾科普工作

我省防震减灾工作开展40多年来，取得很大进步，成效显著。进入新时代，人民对美好生活的向往对地震安全提出了新的更高要求，防震减灾工作与党和政府的厚望、人民的期待存在较大差距，2015年3月14日阜阳4.3级地震暴露出的“领导干部思想认识不到位、建筑物抗震能力差特别是农房不设防问题突出、应急准备能力不足、公众防震减灾意识淡薄”等问题尚未从根本上解决，仍然存在着“小震致灾、中震大灾”的风险隐患。比如，由于对农村村民住宅和乡村公共设施的抗震设防监管体系不健全，对农村建房缺乏统一规范标准和抗震设防指导管理，农村民居和乡村基础设施抗震性能依然普遍较差，广大农村地区仍存在不设防和设防水平低的问题并没有彻底扭转，农村民居地震安全工程落实仍需进一步加强，城中村、城市老旧房屋等抗震加固及改造问题仍然十分突出。要解决这些问题，需要我们进一步加强向各级领导干部和社会公众广泛持久地普及防震减灾科学知识，倡导科学减灾理念，传播先进减灾文化，凝聚社会共识，积极推动地震灾害风险隐患排查与治理，切实提升全社会抵御地震灾害的综合防范能力。

二、安徽省地震局开展防震减灾科普宣教工作一些做法

近年来，安徽省各级地震部门在中国地震局和省委、省政府的坚强领导下，以社会需求为导向，巩固和强化主流媒体的阵地作用，积极引导和利用新媒体，扎实开展各项防震减灾科普宣教活动。

（一）融合发展，不断完善科普宣教工作协作机制

多年来，我们不断加强顶层设计和制度建设，科学谋划防震减灾科普创新发展。安徽省地震局协同省委宣传部制定《关于进一步加强防震减灾宣传教育工作的意见》；与省科协签订了科普工作合作框架协议，进一步贯彻落实新时代防震减灾科普工作意见；与省教育厅联合制定中小学校地震应急避险疏散指南，每年在各中小学校集中开展地震科普宣传教育和应急避险演练；与省教育厅、省科协联合制定防震减灾科普教育示范基地、示范学校认定管理办法等制度，联合召开防震减灾示范学校现场交流会；与省教育厅、省科协、团省委联合举办大学生防震减灾科普作品大赛，与新闻媒体密切合作，已形成防震减灾走基层、防震减灾记者江淮行、防震减灾科普知识电视互动竞答等品牌活动和节目。

建立防震减灾新闻发布长效机制，每年均举办政府和媒体新闻发布会；将提升全民防震减灾科学素质计划纳入地震事业发展规划，对防震减灾科普工作进行统筹部署安排。将防震减灾科普与其他工作同部署、同落实、同检查，加强合作共融，在“防灾减灾日”“全国中小学生安全教育日”“全国科技周”“全国科普日”“国际减灾日”等重要时段，广泛开展防震减灾科普进学校、进机关、进企事业单位、进社区、进农村、进家庭等形式多样的活动。“党委领导、政府负责、部门协作、社会参与、法治保障”的防震减灾科普工作社会治理格局逐步形成。

（二）精准施策，不断提升全民防震减灾科学素质

我们针对重点人群和重点地区，抓住薄弱环节，加强分类指导，广泛开展青少年、农民、城镇劳动者和领导干部科学素质提升行动，推动全民防震减灾科学素质整体水平稳步提升。

突出学校教育，把防震减灾知识纳入中小学综合实践活动、中小学生公共安全教育内容，创建防震减灾科普示范学校，开展中小学生防震减灾知识竞赛和地震应急演练等活动，提高青少年安全意识和防震避险技能。突出科普惠民，服务乡村振兴战略，实施农村民居地震安全工程，开展农村建筑工匠抗震技术培训。扎实开展防震减灾科普“进农村”活动，利用科普“大篷车”、“科普扶贫”、科技“三下乡”等，普及农村民居建筑防震抗震知识，提高农民群众建设安全家园意识。突出能力培养，组织专家走进党校、行政学院、机关等举办专题讲座，提高领导干部地震灾害风险防范与地震应急处置能力。突出风险防范，针对城镇居民特点，打造地震安全示范社区，提高城镇居民和劳动者风险防范意识和应对处置能力。

在防震减灾实践和科普传播影响下，人民群众防范地震灾害风险意识不断提高，科学认知能力和素质不断提升，注重震前预防正在得到广大人民群众的认同，成为防震减灾综合能力的重要因素。

（三）需求导向，加强防震减灾科普服务能力建设

2014 年安徽省地震局成立一个处级二级机构——安徽省地震科普宣教中心，专门负责全省防震减灾科普宣传教育，扎实推进防震减灾科普教育工作常态化、规范化、专业化，确保防震减灾科普宣教工作有机制、有保障、有队伍、有人才、有事做。我们坚持把握正确舆论导向，制定新闻发布办法、舆情处置方案、应急新闻宣传预案等，做到主动、快速、权威发声。加强防震减灾科普宣传队伍建设，组建“百人专家团”“千人宣讲员”，深入开展防震减灾“六进”活动。举办了全省防震减灾知识竞赛、大学生防震减灾宣传作品征集大赛等活动。十八大以来，我局共制作各类防震减灾宣传片百余部，在媒体上刊载防震减灾相关文章 190 余篇，新闻宣传工作连续 3 次受到中国地震局通报表彰。

防震减灾科普作品不断丰富。创作发行了一批公众喜闻乐见、通俗易懂、具有影响力传播力的优秀地震科普作品。制作的科普折页《防震减灾三字经》被省教育厅选定作为安全教育材料在全省两万多所中小学发放。防震减灾科普知识传播手段正向信息化、智能化迈进。开通了官方微博、微信，借力移动资讯和互联网平台的传播优势，实施“互联网＋防震减灾科普”，有力增强了传播效应，扩大了社会影响。在 2015 年阜阳地震应对中，由于回应社会关切及时、信息传递迅速，被人民网评为第一季度快速反应官方微博，先后获得“安徽省直机关政务新媒体综合影响力奖”和“安徽省年度突破力政务微博”荣誉称号。

防震减灾科普基地初具规模。充分利用各方资源，积极推动防震减灾科普教育基地、科普示范学校建设，“一县一馆”建设逐步推进。全省已建成省级防震减灾科普教育基地 38 个，其中国家级防震减灾科普教育基地 12 个；省级防震减灾科普示范学校 369 所，其中国家防震减灾科普示范学校 24 所。合肥市防震减灾科普馆被命名为“全国中小学研学实践教育基地”。防震减灾科普逐步进入各级各类科技场馆、学校和社区，各类科普阵地已成为防震减灾科普宣传的重要载体，防震减灾科普资源更加开放共享，信息化水平逐年提高，科普基础设施更加完善，科普传播广度、深度、融合度进一步加大，服务能力明显提升，为提高全民防震减灾科学素质打下了良好的基础。

（四）多措并举，营造社会公众参与的浓厚氛围

我们着力推进创新驱动发展战略，坚持政府引导、社会参与、市场运作，积极调动和挖掘市场资源优势，大力推动科普工作投入的多元化，运作方式的市场化，科普资源的社会化，统筹各方资源，形成推动防震减灾科普工作的强大合力。经过多年的努力，更多的市场主体投身防震减灾科普产品研发，涌现出了一批从事防灾科普及减灾文化传播的新兴企业，形成一些有影响的企业和品牌，如安徽新视野科教文化公司被中国地震局认定为首家国家级防震减灾科教产品研发生产示范基地。

积极回应社会关切，推进防震减灾科普常态化、广覆盖，应急科普高效化、稳民心。防震减灾知识竞赛、科普宣讲大赛、重大历史地震纪念活动等常态开展，微博、微信等宣传受众面不断增长。中小学生地震演练已实现常态化，逐步扩及机关、社区、乡镇等重点目标人群，年均参练人数过百万人次。积极组织参与“平安中国”防灾宣导系列公益活动、全国防震减灾知识大赛、科普讲解大赛、作品征集大赛等专项科普活动，举办全省防震减灾知识网络竞赛、百万邮政明信片防震减灾知识有奖竞答、大学生防震减灾宣传作品征集大赛、防震减灾走基层、防震减灾记者江淮行、幸运观众走进地震台、地震科普夏令营、“百县（市、区）千校”地震应急安全

2019 年安徽省地震局举办“防震减灾记者走基层”

教育暨演练活动等，大力弘扬减灾文化、普及科学知识，调动广大科技人员、普通民众、社会组织、志愿者的热情，积极参与防震减灾科普活动，努力营造全民关注生命安全、参与防震减灾的浓厚氛围。

三、进一步加强防震减灾宣教工作的思考和对策探讨

习近平总书记在2016年全国科技创新大会、两院院士大会、中国科协第九次全国代表大会上的讲话中强调指出："科技创新、科学普及是实现创新发展的两翼，要把科学普及放在与科技创新同等重要的位置。没有全民科学素质普遍提高，就难以建立起宏大的高素质创新大军，难以实现科技成果快速转化。希望广大科技工作者以提高全民科学素质为己任，把普及科学知识、弘扬科学精神、传播科学思想、倡导科学方法作为义不容辞的责任，在全社会推动形成讲科学、爱科学、学科学、用科学的良好氛围，使蕴藏在亿万人民中间的创新智慧充分释放、创新力量充分涌流。"防震减灾事业也是一项科技创新型事业，长期以来，存在着重视科技创新，重视争抢世界科技前沿；轻视地震科技知识普及，对防震减灾科普人才队伍建设重视不足，发展不足，专业人才从事科普工作热情不高，影响防震减灾知识社会普及面，也影响了防震减灾事业发展和后续人才培养。因此必须高度重视科普人才培养，建立合理的科研、科普人才评价机制，促进防震减灾事业健康发展。

第一要必须坚持围绕中心、服务大局。防震减灾科普宣传教育工作要紧紧围绕构建和谐社会这个中心和服务经济社会安全发展这个大局，把保护人民生命财产安全，实现好、维护好、发展好最广大人民根本利益作为出发点和落脚点，始终坚持最大限度减轻地震灾害损失的宗旨，强化服务意识，突出宣传重点，提升宣传实效，为防震减灾事业发展营造良好的舆论氛围。

第二要统筹地震行业内部协调和外部合作两个优势，全面提升全民族的科学文化素养。一方面要坚持政府主导、部门负责、全民参与，建立健全社会防震减灾"大宣传"体制机制。防震减灾科普宣传教育工作涉及到千家万户、方方面面、各行各业，是一项经常性、社会性的工作，需要发挥政府的主导作用，充分调动相关部门的积极性主动性，引导和鼓励全社会的参与。必须转变凡事"自己干"的思想，要主动组织、引导、带动相关部门、社会各界"一块干"，优化资源配置，推动防震减灾科普宣教工作向社会纵深发展，精准发力，大力推进防震减灾科普宣传教育工作与各个领域的紧密结合，集合各种资源、集聚各方优势、集中各层力量，动员社会各方面共同努力，形成强大合力与整体效应。近年来，我局与省教育厅、科协和团省委等部门联合组织开展全省防震减灾科普知识竞赛和大学生防震减灾科普作品征集大赛，就是对创建"大宣传"模式的有益尝试。另一方面要加强地震行业内部协调，优化资源配置，

目前地震行业内部存在着宣教工作资源分散、难以形成合力的难题，尚无统一的协调和领导机构，影响了宣教工作的深入发展。如防震减灾新闻、科普、行业精神等宣教活动分属不同部门，难以协同、统一规划，无法实现最优的资源配置，达到理想的宣传效果，制约防震减灾宣教工作深入发展。

第三是必须坚持“主动、稳妥、科学、有效”的原则。这个原则是在长期的防震减灾科普宣传教育工作实践的基础上总结和凝练出来的，是与防震减灾事业发展相适应的。防震减灾科普宣传教育工作有其特殊的复杂性、广泛的社会性和高度的敏感性，必须始终坚持以主动的态度、稳妥的方式、科学的精神、有效的措施来开展，必须妥善处理主动宣传与维护稳定的关系、稳妥宣传与创新发展的关系、科学宣传与事业发展的关系、有效宣传与服务社会的关系。

第四是要与主流媒体建立合作机制。主流媒体在现代社会信息传播中发挥着不可替代的作用，传播着社会主流声音和正能量，具有强烈的社会责任感，选择主流媒体作为防震减灾科普知识传播的平台，有利于维护防震减灾科普知识权威和快速、准确传播，有利于维护社会稳定。近年来，安徽省地震局宣教部门主动与省内各大主流媒体开展合作，建立沟通联络机制，年初组织相关主流媒体召开防震减灾宣传创意与策划专题会议，商讨防震减灾宣传工作，通过一系列的商讨和研讨，使每年的防震减灾宣传工作方案更加切合媒体传播需求，更加切合社会公众的真实需要。两个“切合”不但进一步巩固了主流媒体的阵地，而且扩大了防震减灾宣传效果，实现了合作双赢的局面，效果良好，需要不断地巩固和发展。

第五要适应大数据时代带来的信息传播变革，挖掘数据资源，精准推送防震减灾科普信息。一方面，我们处在一个信息爆炸的时代，大数据是信息经济时代主要的生产要素，是改造“生产力”和“生产关系”的基础力量，也引发了人们认识论的变革，大量的对象从不可知到可知，从不确定性到精确预测，从小样本近似到全样本的总体把握，促进了人们认识世界和改造世界能力的升华。由此可见，大数据对防震减灾科普宣教工作影响是多元的，甚至是冲击性的。它迫使我们主动更新知识、创新宣教方法、拓宽宣教视野、提升科普宣教工作能力，适应大数据变革。另一方面，大数据时代背景下，防震减灾科普传播驱动力来源于社会公众的需求，当前，新媒体环境为社会公众提供了更加开放和广泛的获取科学信息的途径，社会公众也在网络虚拟世界花费的时间越来越多，对防震减灾科普知识的需求也越来越广泛，获取的渠道也更加多元，科普传播者与公众之间的界限不再泾渭分明，公众是受众，也是参与者，甚至主导者。在这种社会背景下，防震减灾科学知识普及工作也就必然要求我们科普工作者积极面向社会，加紧加快科普知识针对不同目标人群实现精准化投送科普信息，全面提升防震减灾科普效果和效益。

第六要开展防震减灾科普研究，建立合理的科研、科普人才评价机制。防震减灾事业是一项融合了自然科学和社会科学的公益性事业，事关国家和人民的生命财产安全。其科普知识或者科普传播应当充分融合社会、自然科学属性，需要更强的针对性、指导性和科学性，需要更强的权威认知和广泛的公众理解，其传播过程也更具复杂性。因此，需要开展防震减灾科普研究，提升科普知识的针对性、指导性和科学性。

资料来源

[1] 地震灾害启示录 . 安徽省地震局编 . 北京：地震出版社，2015.

[2] 安徽省志 · 地震志 :（1986—2005）. 安徽省地方志编纂委员会办公室编 . 北京：方志出版社，2015.

[3] 大数据领导干部读本 . 本书编写组编 . 北京：人民出版社，2015.

[4] 喻思娈 . 科普如何更靠谱 [EB/OL]. 人民日报，2016-09-20. 文化 12 版 .

大应急管理体制下地震应急机制及对策研究

李 波 杨秀生 方铭勇 陆 柏 王效昭 王 伟

随着党和国家机构改革工作全面完成，地方各级应急管理体制机制也基本建立，我国新时代大应急管理体制的“四梁八柱”初步形成，充分彰显了中国特色社会主义制度优势，有效整合了党、政、军及社会各界应急力量，应急管理的统筹协调能力、统一指挥决策能力、公共服务能力、快速响应能力明显增强，应急管理政治效益、社会效益、经济效益凸显。

地震应急是防灾减灾与应急管理工作中的重要一环，是我国应急治理体系和治理能力现代化的重要内容。进入新时代，原有的地震应急管理体制机制融合到国家大应急管理体制下统筹运行，成为大应急管理体制机制的一个重要的、需要协调推进的重要方向。我们应该看到，在诸多危害国家安全的重大自然灾害风险中，地震灾害一方面是最易为人们所忽视、最易疏于防范的灾种，既是让公众麻痹大意的“黑天鹅”事件，也是令人熟视无睹的“灰犀牛”事件。另一方面，由于地震灾害的突发性、瞬时性及社会性特点，决定了地震应急救灾管理难度和深度，决定了其应对的突发性、应激性、复杂性、社会性乃至国际性的基本特征。因此，科学、高效、有序地应对每次地震灾害事件，更能体现执政党领导力、检验政府执行力、评判国家动员力、体现民族凝聚力，更能体现中国特色社会主义制度的优越性。

一、我国地震应急能力建设概况

改革开放以来，我国地震应急管理取得长足进步，尤其在地震监测预报、震灾预防、应急处置、法律法规建设等方面成效显著，构成大应急管理体制下地震应急工作基础和工作优势。

（一）监测预报技术迅速发展

地震观测实现网络化，地震观测技术、观测精度、观测质量、观测水平逐步提升，基本实现了网络化互联、数据实时共享、运行状态监测、运程控制维护。监测台网实现立体化，我国地震监测台网经历了起步成长、规范发展到规模跨越三个阶段，现已建有 1107 个台站，全部实现了数字地震台网中心的人机交互速报处理。地震通讯方式实现共享化，地震通信方式现已实现了从最初的原始邮寄、无线话报、数传通信到网络共享的飞跃。地震速报进入读秒化，地震速报由模拟时代的 1 ～ 2 小时，早期数字时代的半小时，人机交互 10 分钟，自动速报 1 ～ 2 分钟，到当前的读秒时代（10 秒内为目标）。

（二）震灾预防水平不断提高

地震灾害风险管理全面加强，作为国家强制性标准，消除了不设防区，全国普遍提高抗震设防要求，七度区面积从 49% 提高到 58%，八度区面积从 12% 提高到 18%；活动断层探测逐步深入，全国已完成重点地震构造区域、地震重点监视防御区活动断层填图 131 条，共 8893 千米，对 97 个地级以上城市开展了活动断层探测及地震危险性评价；抗震设防要求更加科学，抗震新技术广泛应用，建设工程抗震能力显著增强，逐步形成了一套完整的管理体系；防震减灾科普工作深入推进，已建成国家级防震减灾科普教育基地 96 个，省级防震减灾科普教育基地 397 个，省级以上科普示范学校 5488 个，全民防震减灾科学素质不断提升。

（三）应急处置能力显著提升

基本形成了国家、省、市、县地震应急管理体制和响应的地震台网监测体系，建立健全了防震减灾工作机制，建立并形成了以消防地震救援队为骨干力量，以解放军、武警部队为突击力量，以志愿者、社会基层救援队为辅助力量的地震灾害紧急救援体系。通过实施一系列人才工程，形成了一支由两院院士领衔、7200 余名地震科技人员的专业人才队伍。目前，已经建立国家地震灾害紧急救援队 1 支（480 人）、省级地震救援队 76 支（12443 人）、市级地震救援队 1000 多支（10.6 万人）、县级地震救援队 2100 支（13.4 万人）、地震救援志愿者队伍 1.1 万支（69.4 万人）。国家、省级（直辖市、自治区省）精干高效、准军事化的地震现场工作队，为灾区政府的抗震救灾工作提供了坚实的人员队伍支撑。

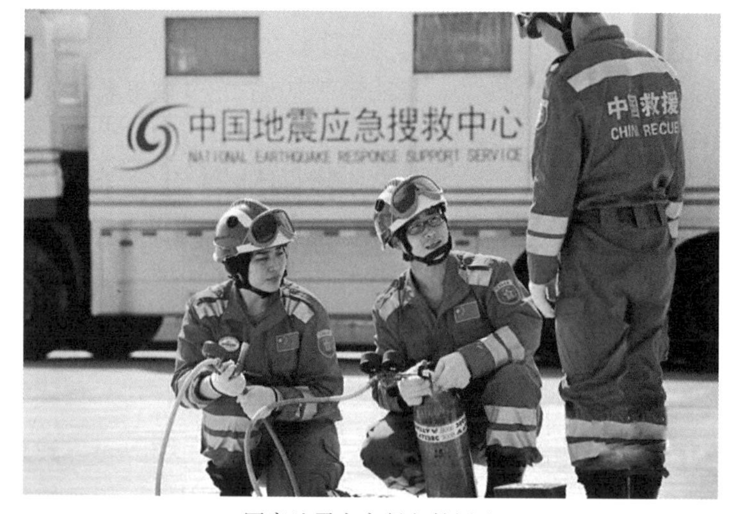

国家地震灾害紧急救援队

（四）法律法规体系日趋完善

以《中华人民共和国突发事件应对法》《中华人民共和国防震减灾法》《破坏性地震应急条例》为主的配套行政法规和地方立法不断健全。《国家突发公共事件总体应急预案》《国家破坏性地震应急预案》发布以来，国家、省、市、县、社区以及部门、行业地震应急预案体系不断完善，已形成“横向到边、纵向到底”的地震应急预案全覆盖。此外，国家还先后制定和发布了多项地震标准，为推进和保障我国防震减灾事业的全面健康可持续发展发挥了重要的作用。

二、目前地震应急管理工作存在的问题

在大应急管理体制改革背景下，地震系统作为深化改革的实践者，在应急管理工作中面临一些亟待重视和解决的新情况、新问题，具体表现在以下六个方面。

（一）防震减灾工作责任主体亟待理清

尽管当前各级政府机构改革已完成，在新修订的《中华人民共和国突发事件应对法》《中华人民共和国防震减灾法》等相关法律法规及地震相关《国家地震应急预案》出台之前，防震减灾应急管理面临执法主体的执法地位及执法权不明晰，省、市、县地震局与对应的应急厅局行政交叉关系及职能界定不清，市、县级政府层面的防震减灾工作责任主体未明确，防震减灾工作落实难，以及市县地震机构职能弱化、执行力下降、应急职责与能力分离、专业的人干不了专业的事等问题。

（二）防震减灾协调联动机制亟待畅通

鉴于本轮机构改革已基本到位，在维系中央到省垂管体系不变的条件下，市县地震机构由于变动较大，出现“条”“块”的刚性分割、沟通协调困难等问题。同时，承担应急任务的相关部门基本建有各自的通信信息平台体系、决策指挥体系、设备保障体系和人才队伍体系，由于隶属关系不同和既有体制机制的约束，各级各类指挥部协作联动性差，地震应急救援协同联动机制运行绩效不高，与实现高效协同的改革目标仍有差距。

（三）防震减灾法律法规及预案体系亟待更新

随着机构调整，从国家到地方，从地震部门到其他社会单位，原有法律法规及各级各类地震应急预案已经无法满足当前的应急准备和应对处置的实际需要。原有防震减灾设置的组织指挥体系、职能任务、处置措施和程序已不能满足实施主体的职责权限和处置能力需求。

（四）防灾减灾应急硬实力亟待提升

地震应急的物资设备保障充沛是决定灾害预控处置高效快捷的重要基础，是构成防灾减灾应急能力的“硬实力”。应急物资装备规划体系仍不健全，应急物资资源配置长效机制不够高效、规范。同时，科技创新作为总体国家安全的重要组成部分，同样构成防灾减灾应急“硬实力”，地震灾害应急科技创新体制机制仍有待于进一步健全。

（五）防灾减灾应急队伍建设亟待强化

当前现有地震、应急系统从事管理工作人员特别是市县局行政领导主要由转行的行政干部、业务干部及少数军转干部构成，专业技术人员多由高校科研院所毕业分配，志愿者来自各行各业。由于防震减灾的特殊专业属性，对于从事地震风险防控的各类人员专业素质和综合技能要求较高，提升地震应急救援队伍的专业素质和技能水平是应急工作的关键内容。

（六）社会公众应急意识亟待提升

社会公众地震灾害应急意识不强，一方面，不少人认为：地震灾害预防、应急准备和处置是政府和专业队伍的责任和义务。往往，平时麻痹大意、不以为然；震时匆忙应对、避震不当；震后听信谣言、人心惶惶。社会公众生活行为习惯和自救互救能力与防震减灾要求相距甚远。另一方面，政府和社会在推进全民防震减灾意识、普及灾害自救与互救常识、应急演练等方面的工作力度有待进一步加强，需进一步提升全社会防震减灾意识和地震应急能力及水平。

三、提升地震应急管理能力的政策建议

全面提升地震应急管理能力，要在理顺地震应急管理工作体系，完善法律法规及规章制度，加强应急过程组织实施，提升人员队伍、监测预警、科技支撑、社会力量保障等方面下功夫，打通并强化事前监测防范、事中应急处置、事后救援与评估应急处置全链条。

（一）理顺地震应急管理工作体制机制

逐步理顺地震应急管理新体制。构建和完善大地震应急管理的格局，从中央到地方，消除“条块分管”鸿沟，推动市县应急管理体制变革与应急管理创新。建立健全国家、省级地震部门垂直管理，市县应急相关部门地震业务横向联系的网格化管理体系，构建并优化统一的地震应急管理规划、行业规章、技术标准、信息共享及业务管理体制，切实履行好地震行业管理、社会管理和公共服务的行政职能。建立部门间联动、沟通协调、信息报送、联系决策指挥、情

报共享共建、应急物资装备征用激励、人才队伍培养、科研创新等机制，提高大地震应急管理和公共服务水平，推动防震减灾事业高质量发展。

（二）厘清地震应急各级部门行业职责关系

加快理顺中央与地方的业务指导关系，省、市、县地震应急机构关系以及应急行业、部门之间关系。尽快出台相关指导意见，明晰中央与地方责、权、事的边界，从职能界定、机构功能定位、到具体职责、经费来源予以指导性说明，确保本轮改革的科学性、系统性和实效性。明确市县应急管理部门是地震应急管理和防震减灾工作的责任主体，现有的市县地震工作机构及其业务工作是地震应急管理工作的重要支撑和保障。构建省级应急管理部门与省级地震机构之间的协作关系，明确震情发生时省级地震局及省级应急管理部门具体职责。明确省级应急管理部门是地震应急管理工作的责任主体，受省级人民政府的委托指导防震减灾工作，领导市县地震应急、防震减灾工作；省级地震工作机构是省级地震监测预防预警网络建设责任主体，协助做好地震应急管理工作，充分发挥地震应急指挥技术支撑和参谋助手作用，在业务上指导市县应急管理、防震减灾工作机构的工作。

（三）加快修订与更新地震应急法律法规

协助立法机构加快修订与更新《中华人民共和国防震减灾法》等地震相关应急法律法规。依据修订后的《中华人民共和国防震减灾法》《中华人民共和国突发事件应对法》，加快对《地震监测管理条例》《地震预报管理条例》《地震安全性评价管理条例》《破坏性地震应急条例》等法规以及相应的地方法规的修订工作，做好应对大震巨灾的立法准备。同时，结合本轮机构改革工作实际，建议制定诸如“特大地震紧急救援与社会动员法”、“地震救灾社会保障条例”、“国土利用地震区划”等新的法规，并因地制宜制定出台新的地方性法规，使大应急管理体制下的地震应急管理法律法规体系更加完善。

（四）推进修订与完善地震应急规章制度

积极推进地震应急行业规章的制定与发布工作。尽快修改、完善《震后地震趋势判定公告规定》《建设工程抗震设防要求管理规定》《地震安全性评价资质管理办法》等地震行业规章。制定、发布新的行业规章，为应对大震巨灾管理的需要，建议制定“防震减灾应急管理规划编制”、“地震重点监视防御区防震减灾工作实施”、“专用地震监测台网管理”、“地震预测预报意见管理”、“抗震设防要求监督管理”、“城市（小）区划与农村抗震设防”、“地震应急预案编制”、“地震现场工作组织实施”、“防震减灾宣传教育”等管理办法或规定。这些行业规章通过部（局）长令或国务院转发形式向社会发布，能够成为中国地震局系统行使政府职能的法律依据和渊源。建立防震减灾的规划编制与区域划分制度，尽快编制新一代地震灾害风险区划图，建立区划标准和更迭制度，加强执行的监督管理。逐步推动中国地震应急救援区划，对地震应急救援工作实行分区分类管理，编制中国地震应急救援区划，指导各地区地震应急工作，强化地震应急准备常态化管理，努力实现非常态化危机处置常态化，切实提高大震应急能力。

（五）强化应急过程组织实施能力保障

大力拓展防震减灾工作的社会性，全面提高防震减灾社会治理社会化、法治化、智能化、专业化水平。统筹各方资源优势，提升地震应急准备能力，摸清地震应急条件下社会可供给资源分布状况，建立地震应急资源大数据库。建立地震应急社会资源协调联动机制，确保地震应急资源科学合理调配。建立地震灾害转移机制，实现地震应急风险分担。构建和完善物资设备装备的支撑保障制度体系，推进物资设备装备保障的团队建设，加大对地震应急物资装备的投资力度，建议由应急管理部（中国地震局）牵头建立地震应急保障组织体系，完善立法，加快地震应急物资设备装备保障建设的法制化进程，逐步推进我国地震应急物资装备支撑保障制度体系建设的科学化、标准化和规范化。

（六）提升地震监测预警能力

全面提升地震监测预测预警能力。立足主责主业，推进国家—省—市—县地震监测预测预警“一张网”建设，规划建设布局合理、疏密相间的“地表、地下、海洋、空间”一体化专业立体地震监测预测预警网络。加快整合地震台网现有资源，根据现有网点科学规划布局，在全国范围内查漏补缺，把“网”织好、补齐。统筹各方资源优势，建立以国家和省级地震台网为主、市县地震台网作为有效补充的全国地震监测预警台网运转机制，构建和完善投资主体明确、功能界定清晰的地震台网共建共享长效机制，扎实做好国家投资、地方配套、责业清晰的地震监测预测预警基础建设工作。

（七）提升地震应急科技支撑能力水平

加强科技创新支撑能力体系建设。通过国际合作、科研院所合作，发挥地震应急学科优势，构建国家级地震应急技术研发实验中心与实验室，积极打造科技创新平台，构建科研合作开发机制，逐步完善我国地震应急科研创新支撑能力体系，以地震应急防灾减灾产品为抓手，科学孵化高新技术企业，着力建设应急产业科技园区，共同推进我国地震应急产业发展。加大地震科研投入力度，强化地震科技创新，培育平时地震应急产品研发市场，深化地震应急产品供给侧改革，研讨地震应急科技服务需求，增加有效供给，淘汰落后无效供给，全面提升地震应急保障能力。

（八）提升地震应急人员队伍素质能力

实施地震应急管理人员和专业技术人员能力提升工程。完善干部教育培训制度，加大地震应急管理人员的专业管理技能培训力度，制定和完善专业技术人员特别是基层专业技术人员的学习培训制度。构建和优化应急专业的继续教育制度，激励在职管理人员及专业技术人员参与专业技能提升。构建和完善专业岗位的交流制度，鼓励不同岗位的管理人员学习锻炼不同领域的应急管理能力，积极拓宽专技人员职称评定和晋升渠道，在职称评审、技术岗位设置等方面给予基层、偏远地区政策倾斜。参照公检法和特定行业部门应急人员管理经验，逐步实行行业准入制度，对于特定的管理岗位必须持证上岗，从制度上刚性要求管理人员提升能力。

（九）培育加强地震应急社会力量

全面提升社会力量在地震应急工作中的参与度。推进防震减灾科普，提升社会公众应对能力。加强防震减灾科普研究，编制防震减灾科普规划，实施防震减灾科普专项计划，开展各级各类地震应急培训，建立“第一响应人”应急培训机制，提升社会组织参与能力。大力推进由基层骨干、志愿者队伍构成的社会救援队伍的建设，开展制度化的培训与演练，普及、提高社区、农村民众的紧急救援技能，增强社会参与程度。

（来源：2018 年中国地震局政策研究课题资助项目——大应急管理体制下地震应急机制及对策研究）

参考文献

[1] 杨合鸣 . 诗经鉴赏辞典 [M]. 武汉：崇文书局，2015.

[2] 范晔 . 后汉书 [M]. 北京：中华书局，2012.

[3] 康熙 . 御制文四集 [M].

[4] 蒲松龄 . 聊斋志异 [M]. 北京：中华书局，2015.

[5] 刘昌森、火恩杰、王锋 . 中国地震历史资料拾遗 [M]. 北京：地震出版社，2003.

[6] 安徽省人民政府地震局 . 安徽地震史料辑注 [M]. 合肥：安徽科学技术出版社，1983.

[7] 陈运泰 . 地震浅说 [M]. 北京：地震出版社，2019.

[8] 陈颙、史培军 . 自然灾害 [M]. 北京：北京师范大学出版社，2007.

[9] 邓禹仁 . 唐山地震之谜 [M]. 北京：地震出版社，1985.

[10] 马泰泉 . 中国大地震 [M]. 北京：地震出版社，2018.

[11] 中国灾害防御协会 ."5 · 12" 汶川十周年记忆 [M]. 北京：中国社会出版社，2018.

[12] 周依、张畅 . 抗震安居的"新疆样本"[N]. 新京报，2019-09-05.

[13] 姚亚奇 . 防震减灾背后的"硬功夫"[N]. 光明日报，2019-05-23.

[14] 冯锐 . 趣味地震学（1）：五湖四海的地震文化 [J]. 国际地震动态，2019，1：31 ～ 38.

[15] 鲁达、陈林 . 一座城市的生命记忆 [EB/OL]，http: //news.sina.com.cn/c/2016-07-28/doc-ifxunyya2546493.shtml，中新社，2016.